室内设计基础教程

图解照明设计

GRAPHIC LIGHTING DESIGN

[日] 远藤和广　高桥翔　著

吕萌萌　冷雪昌　译

江苏凤凰科学技术出版社

序言

中岛先生曾经给我讲起他的一个关于照明装置的试验：在一个模拟的起居空间里，用光影明暗做空间隔断——有光的地方就是使用空间，影子就是隔断墙。由于光影并非实体，墙是可以移动的，因此重置家具后，用光重新使场景变换，在相同的空间里改变空间格局。这个试验从另一个角度阐明了居住空间对光的需求或光影对空间的影响。

过去相当长的一段时间里，人们对住宅的照明需求比较简单，常常在房间中央安装一个吸顶灯或吊灯就满足了照明需求。还有一种约定俗成的装修套路就是在主客厅空间中央安装吊灯，四周吊顶沿边嵌入下照筒灯和发光灯槽。

今天，建筑空间一体化的室内设计逐渐兴起，因而照明的功能逐渐细化，细节的表达也开始用到光。与此同时，个性化度假酒店的兴建也影响到了家居设计。于是，设计师们便着眼于模仿酒店的室内设计，开灯也用到了场景模式的设置。这样一来，住宅的照明就被带入了专业的照明设计领域。

此书的内容就是用通俗易懂的语言来解释住宅空间设计中专业的照明设计方法，比如用明亮的感受做设计照明，用照明手法促进节能，不同空间照明设计的相关性等。

早至理查德·凯利（Richard Kelly，1910—1977）为建筑师菲利普·约翰逊（Philip Johnson，1906—2005）的玻璃住宅项目（1949 年建成）做灯光设计时，就有意识地将光投射到屋顶天花板和室外树木上，达到室内外空间的流动和空间拓展。这说明很早以前设计师已将照明的作用上升到了提升空间价值的方向上了。

从与生活关联最紧密的住宅照明设计出发，普及照明知识，无疑是恰当与值得赞赏的举动。云知光将此书引入国内是对专业照明教育的贡献，希望该书出版后能得到读者的喜爱。

许东亮

栋梁国际照明设计中心主持人、知名照明设计师

目录

目录

第 4 章 不同区域的照明设计要点

不同区域的照明设计要点

高龄者的视觉特征与照明设计

第 5 章 案例介绍

住宅照明的各种案例

第 6 章 照明与节能住宅

用照明手法来思考节能

第 7 章 未来的照明设计

用明亮的感觉来设计照明

第 1 章

照明的基础知识

照明用语

阅读照明设计的产品目录时，我们总会看到许多专业用语。虽然没有必要全部都了如指掌，但还是得掌握最基本的用语和照明单位、照明器具的种类、照明周边的设备。让我们在此逐一进行介绍。

通过数据掌握光

我们无法只用数据来设计照明，但如果可以掌握部分数据所代表的意义，则可以从某种程度上想象光对空间所造成的影响。

照度、光通量、光强、亮度的意象图

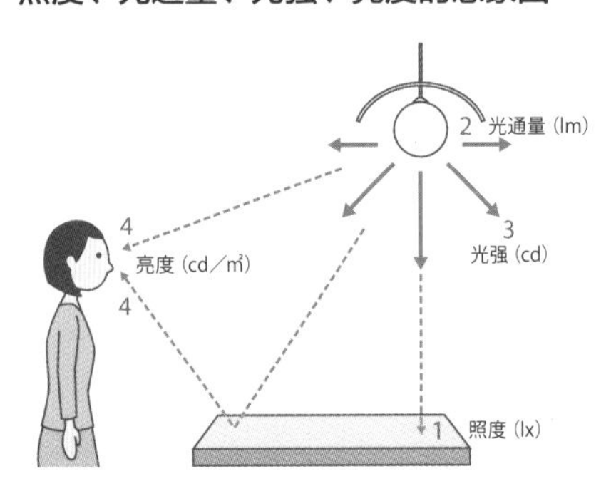

必须掌握的 7 种基本单位

单位	内容
1 照度（lx）	以光所照射的物体表面为基准，每单位面积所接收到的光通量，代表有多少光可以到达这个地点。1lx 代表 $1m^2$ 的面积被 1lm 的光通量照射时的亮度。
2 光通量（lm）	光源所发出的光量。
3 发光强度（光强）（cd）	光源往特定方向发出多少光量，代表光的强度。
4 亮度（cd/m^2）	当人看一个发光体或被照射物体表面的发光或反射光强度时，实际感受到的明亮度。
5 色温（K）	代表光颜色的数据，会以红→橘→黄→白→蓝白的顺序往上升高。自然光也是一样，泛红的朝阳和夕阳色温较低，中午偏黄的白色太阳光色温较高。
6 显色性（R_a）	当光源照到一个物体时，对物体颜色的呈现所造成的影响。以自然光（太阳光）为标准，颜色呈现得越自然，显色性越好；不自然的话则代表显色性差。越是接近 R_a=100，显色性越好。
7 发光效率（lm/W）	灯具的发光效率，一般指每 1 W 的电力所能发出的光通量。住宅中主要灯具的发光效率为：一般白炽灯泡约 15 lm/W，灯泡型日光灯约 60 lm/W，直管型日光灯约 85 lm/W，直管型高频日光灯约 110 lm/W。

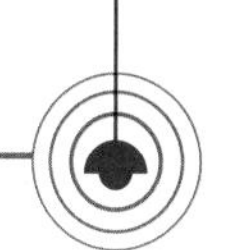

空间给人的印象会随着色温变化

色温较高

冰冷的颜色

昼光色 6700 K（灯具标示：D 色等）

气氛自然

自然的颜色

昼白色 5000 K（灯具标示：N 色等）

白色 4200 K

温暖
沉稳

温暖的颜色

暖白色 3500 K

灯泡色 3000 K（灯具标示：L 色等）

色温较低

东芝 LITEC

专栏

紧急照明的相关法规

日本政府制定了与照度相关的法律规定，紧急照明的相关法规可以说是其中的代表。如果使用将白炽灯泡用来当作紧急照明时，最少要有 1 lx 的照度。但在日光灯的场合，则必须有 2 lx。日光灯比较容易受到周围温度的影响，温度上升会让灯具的输出减半，这样在发生火灾的时候无法维持相应的照度，因此要有 4 lx。除此之外，《劳动安全卫生规定》还制定了工厂所需的最低限度的照度。

作业种类	精密作业	一般作业	粗糙的作业
标准	300 lx以上	150 lx以上	70 lx以上

出自《劳动安全卫生规定》第三篇第四章第 604 条，工厂所需的最低限度的照明。除此之外，日本工业标准还规定有各种工厂需要的照度。

照度	构造	功能
■ 确保地板有1 lx以上的照度。 ■ 即便室内温度上升，地板也必须要有1 lx以上的照度。	■ 即便在发生火灾温度上升时，发光强度也不可以降低。按照国土交通大臣所规定的结构方式，来确保紧急照明所需的设备。	■ 设有备用电源。 ■ 发生火灾等停电时自动亮起，在避难结束之前，即便室内温度上升，也能维持1 lx以上的照度，并需要得到国土交通大臣的认可。

出自《日本建筑标准法》第五章第四节。此外，日本对于不得不加装紧急照明装置的设施及场所，在此标准法中亦有规定。

用流明法来计算平均照度的公式

$$E = \frac{F \cdot N \cdot U \cdot M}{A}$$

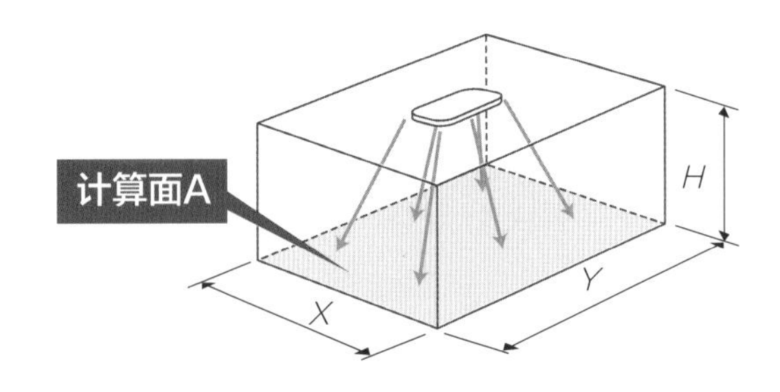

计算平均照度所需的五个项目

项目	内容
每一台器具的光通量 F（lm）	根据照明器具和光源的不同而定，一般会写在制造商的产品目录上。
器具数量 N（台）	计算平均照度的房间内所设置的照明器具的数量。
照明率 U	光到达照射面的比率，会由制造商提供照明率表（表 1）。取决于室形指数和反射率（表 2），室形指数可用下面的公式求出： $\text{室形指数} = \frac{\text{宽（m）} \times \text{长（m）}}{[\text{宽（m）}+\text{长（m）}] \times \text{器具装设的高度（m）}}$
维护系数 M	一般而言，灯具的光通量会渐渐降低，还会受到器具上的污垢等因素的影响，在计算平均照度时，要事先将照度的衰减率包含在内。这个系数就是所谓的维护系数（表 3）。
面积 A（m^2）	预算出平均照度的总照射面积。

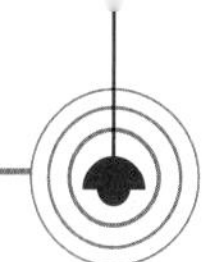

表1 用照明率表来求出器具照明率

室内的反射率（%）																		
天花板	70	70	70	70	50	50	50	50	30	30	30	30	10	10	10	10	0
墙壁	70	50	30	10	70	50	30	10	70	50	30	10	70	50	30	10	0
地板	10	10	10	10	10	10	10	10	10	10	10	10	10	10	10	10	0
室形指数																	
0.60	0.38	0.31	0.27	0.23	0.37	0.30	0.26	0.23	0.35	0.30	0.26	0.23	0.34	0.29	0.26	0.23	0.22
0.80	0.44	0.37	0.33	0.29	0.42	0.36	0.32	0.29	0.41	0.36	0.32	0.29	0.39	0.35	0.31	0.29	0.28
1.00	0.49	0.42	0.38	0.35	0.47	0.41	0.37	0.34	0.45	0.40	0.37	0.34	0.43	0.39	0.36	0.34	0.32
1.25	0.52	0.47	0.43	0.40	0.50	0.46	0.42	0.39	0.49	0.45	0.41	0.39	0.47	0.43	0.41	0.38	0.37
1.50	0.55	0.50	0.46	0.43	0.53	0.49	0.46	0.43	0.51	0.48	0.45	0.42	0.50	0.47	0.44	0.42	0.41
2.00	0.59	0.55	0.52	0.49	0.57	0.54	0.51	0.48	0.55	0.52	0.50	0.48	0.53	0.51	0.49	0.47	0.45
2.50	0.61	0.58	0.55	0.53	0.59	0.56	0.54	0.52	0.57	0.55	0.53	0.51	0.56	0.54	0.52	0.51	0.49
3.00	0.63	0.60	0.58	0.56	0.61	0.59	0.56	0.55	0.59	0.57	0.55	0.54	0.57	0.56	0.54	0.53	0.52
4.00	0.65	0.62	0.60	0.59	0.63	0.61	0.59	0.58	0.61	0.59	0.58	0.57	0.59	0.58	0.57	0.56	0.55
5.00	0.66	0.64	0.62	0.61	0.64	0.62	0.61	0.60	0.62	0.61	0.60	0.58	0.60	0.59	0.58	0.57	0.57

条件：室形指数为 1.25
反射率：天花板为 30%、墙壁为 70%、地板为 10%

反射率和室形指数交错部分的数据，就是该器具的照明率。

MAXRAY MX8461 的照明率表。光源为 FPL55W×4，灯具通光量为 4500 lm×4，维护系数为良 0.74、普通 0.70、差 0.62

表2 反射率会随着装饰的材质和颜色而变化

材质	反射率	材质	反射率
白灰泥	60% ~ 80%	木材（橡木）	10% ~ 30%
白墙	55% ~ 75%	障子纸	40% ~ 50%
浅色的墙壁	50% ~ 60%	塑胶布	80% ~ 90%
深色的墙壁	10% ~ 30%	榻榻米	30% ~ 40%
浅色的窗帘	30% ~ 50%	混凝土	25%
木材（白木）	40% ~ 60%	透明玻璃	8 %
木材（黄色亮光漆）	30% ~ 50%		

表3 维护系数会随着灯具与器具的种类、使用环境而变化

照明器具的种类		白炽灯泡			迷你氪灯泡			卤素灯泡			灯泡型日光灯		
	周围环境	良	普通	差	良	普通	差	良	普通	差	良	普通	差
裸露型	金卤灯、白炽灯、灯泡型日光灯	0.91	0.89	0.84	0.88	0.86	0.81	0.91	0.89	0.84	0.77	0.74	0.70
下方开放型（筒灯等）		0.84	0.79	0.70	0.81	0.77	0.67	0.84	0.79	0.70	0.70	0.66	0.58

节选自社团法人照明学会技术指南《照明设计的维护系数与维护计划（第 3 版）》。
使用环境：光源的维护状态良好、室内清洁的房间为良，灰尘多的地点或难以打扫的地点为差。

实际计算平均照度

例题：在宽 10 m、长 10 m、天花板高 2. 8 m 的房间内装设 8 台 MAXRAY MX8460 时，距离地板 0 .8 m 的平均照度是多少？

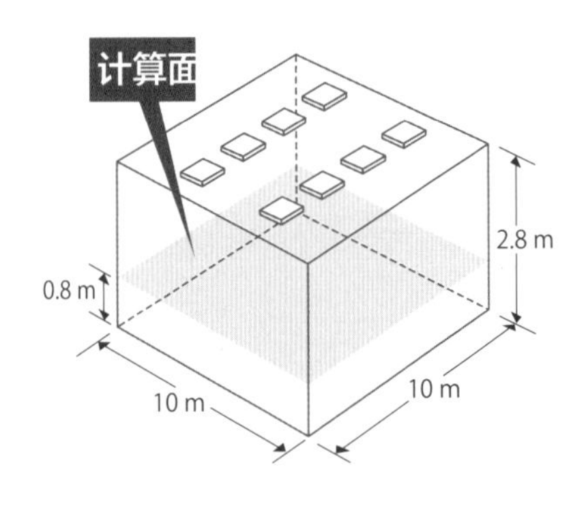

① 要求出照明率，得先算出室形指数

$$室形指数 = \frac{宽\ 10\ m \times 长\ 10\ m}{(宽\ 10\ m + 长\ 10\ m) \times (天花板高\ 2.8\ m - 器具距离地板的高度\ 0.8\ m)} = 2.5$$

② 从照明率表找出照明率 U

MAXRAY MX8460 的照明率表

室内的反射率（%）	天花板	70	70	70	70	50	50	50	50	30	30	30	30	10	10	10	10	0
	墙壁	70	50	30	10	70	50	30	10	70	50	30	10	70	50	30	10	0
	地板	10	10	10	10	10	10	10	10	10	10	10	10	10	10	10	10	0
室形指数																		
0.60		0.38	0.31	0.27	0.23	0.37	0.30	0.26	0.23	0.35	0.30	0.26	0.23	0.34	0.29	0.26	0.23	0.22
0.80		0.44	0.37	0.33	0.29	0.42	0.36	0.32	0.29	0.41	0.36	0.32	0.29	0.39	0.35	0.31	0.29	0.28
1.00		0.49	0.42	0.38	0.35	0.47	0.41	0.37	0.34	0.45	0.40	0.37	0.34	0.43	0.39	0.36	0.34	0.32
1.25		0.52	0.47	0.43	0.40	0.50	0.46	0.42	0.39	0.49	0.45	0.41	0.39	0.47	0.43	0.41	0.38	0.37
1.50		0.55	0.50	0.46	0.43	0.53	0.49	0.46	0.43	0.51	0.48	0.45	0.42	0.50	0.47	0.44	0.42	0.41
2.00		0.59	0.55	0.52	0.49	0.57	0.54	0.51	0.48	0.55	0.52	0.50	0.48	0.53	0.51	0.49	0.47	0.45
2.50		0.61	0.58	0.55	0.53	0.59	0.56	0.54	0.52	0.57	0.55	0.53	0.51	0.56	0.54	0.52	0.51	0.49
3.00		0.63	0.60	0.58	0.56	0.61	0.59	0.56	0.55	0.59	0.57	0.55	0.54	0.57	0.56	0.54	0.53	0.52
4.00		0.65	0.62	0.60	0.59	0.63	0.61	0.59	0.58	0.61	0.59	0.58	0.57	0.59	0.58	0.57	0.56	0.55
5.00		0.66	0.64	0.62	0.61	0.64	0.62	0.61	0.60	0.62	0.61	0.60	0.58	0.60	0.59	0.58	0.57	0.57

光源为 FLP55W×4，灯具光通量为 4500 lm×4，维护系数为良 0.74、普通 0.70、差 0.62

条件：
反射率：天花板为 70%，墙壁为 70%，地板为 10%，维护系数 · 普通 0.7

将上述条件套入照明率表可以发现照明率是0.61

③ 求出平均照度 E

$$平均照度\ E = \frac{灯具光通量\ F4500\ lm \times 每台器具的\ 4\ 个灯泡 \times 器具数量\ N8\ 台 \times 照明率\ U0.61 \times 维护系数\ M0.7}{面积\ 100\ m^2}$$

$$= 615\ lx$$

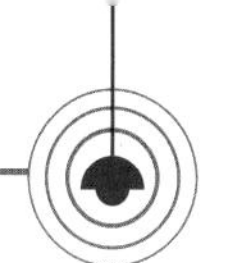

用语言来描述光的呈现方式

用语言来形容光的呈现方式的时候，会使用一些专用的词汇。照明计划必须以没有实体的光作为对象，因此如何通过语言来理解、表现光实际的呈现方式，就显得格外重要。

表现光的词汇		内容
整体照明	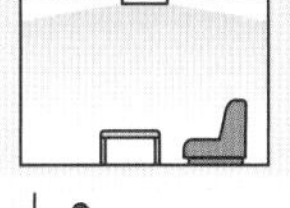	让室内整体亮起来的主要照明。为了让室内整体的照度均匀，会以一定的间隔来设置成组的灯具。
局部照明		只照亮特定部位的照明。局部照明的范围可以达到较佳的经济效益，使明暗区分更加明确，形成充满气氛与情调的空间，但容易让眼睛感到疲劳。
建筑化照明	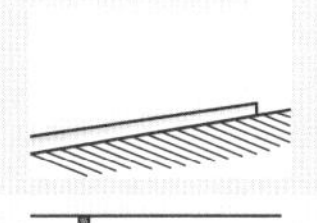	将照明融入天花板或墙壁之中的手法，可以发光的天花板、墙壁、地板等间接照明也包含在内。比较容易达到均等的照度，但发光效率较差、不容易维修，必须使用寿命较长的光源，并且要考虑到照明器具所发出的热和声音。
聚光		用反射板或透镜将光源集中到同一点或同一方向。可以提高集光面的照度，但是与范围外照度的落差较大。
扩散光	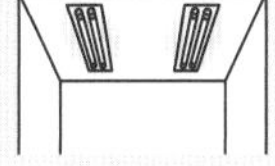	涵盖范围广的光，想让整体得到均等的亮度时使用。拥有较大发光面积的日光灯，就属于这个类型。
眩光		当亮度超过眼睛所能适应的程度时，会给人刺眼、看不到东西的感觉。比如直接被车灯照到时，会看不见周围其他物体。一般把带来这些感觉的光称为眩光。在进行照明设计时，要特别注意照明器具的位置和光源的方向。
扇形光	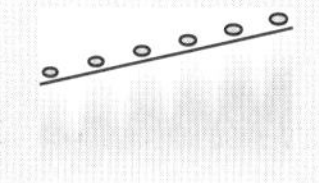	用筒灯等光源在墙壁上形成贝壳一般的图样。根据墙壁与筒灯的位置而形成，扇形会随着灯光的间隔和器具反射板的种类而变化，必须注意是否可以形成自己所想象的效果。
均齐度		照射面的照度均匀到什么程度的数据。
重叠照明	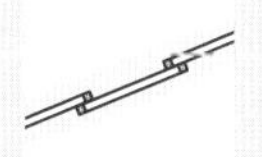	把日光灯当作间接照明时，为了防止亮光产生不均匀的部分，将100～200 mm左右的灯座重叠在一起的手法。也代表在调光时，从A的亮光转变成B的亮光时，在A的亮光完全消失之前将B的亮光叠上去。
摩尔纹	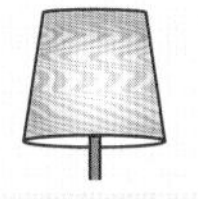	当光通过遮罩或被遮住时，会在遮罩或照射面上形成波浪一般的图样，这些图样被称为摩尔纹。
频闪		灯光的闪烁。照明器具的电压下降所形成的现象，隆重的场合会反复闪烁，形成让人不舒服的光芒。
三基色		透过日光灯灯管上所涂抹的荧光物质，让红、蓝、绿三原色的频率可以有效地发光，也指发光效率和显色性较高的灯具。

了解照明器具的性能与特征

进行照明设计时，必须选出适合各个空间的照明器具。但照明器具款式繁多，性能与特征也各不相同，对此进行了解，是选择照明器具的第一步。在此介绍一下住宅使用的代表性照明器具的特征与注意点。

一般住宅所使用的照明器具的种类

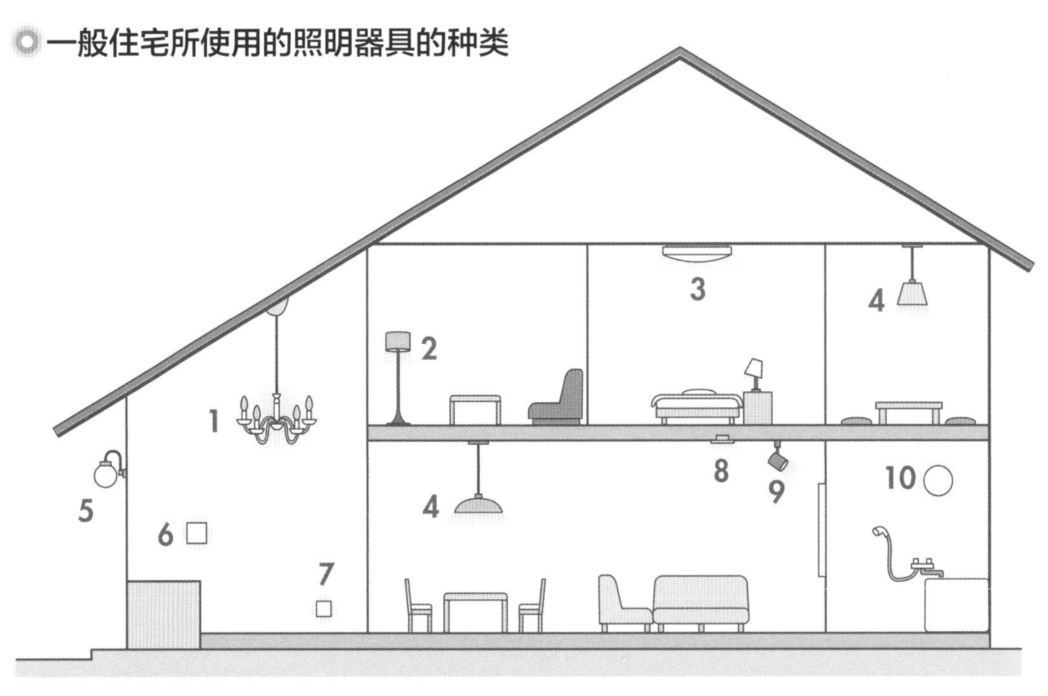

名称	特征	注意点
1 枝形吊灯	•装饰性的照明器具。 •代表性的使用案例是运用在天花板挑高的室内空间。 •光源会使用吊灯专用的氪灯泡等，可以发出闪烁光芒的类型，不适合使用整面发光的日光灯。最近LED灯也开始出现像吊灯灯泡一样以点状发光的类型，供人们进行选择。	•大多具有相当的体积与重量。 •装设方式分为直接装在天花板上和使用天花板钩来吊上的简易型两种。 •器具重量过重的话，必须强化天花板的结构。 ① 使用天花板钩的类型，可以装设的吊灯重量为5 kg以下。 ② 梁 吊帽 全螺纹螺丝 环扣 吊灯头 直接装设的类型，吊灯重量超过5kg的场合使用。

名称	特征	注意点
2 落地灯	•摆设型的照明器具。 •尺寸与造型有着丰富的款式，光源扩散的方式会随着高度与灯罩的设计而变化。 •灯罩分为让光透过的类型，以及把光遮住、只让上下产生亮光的类型。 •大多附有插头，不用另外接电施工，摆设和移动非常简单。	•进行照明计划时，必须注意摆设地点附近是否安装有插座。
3 吸顶灯	•直接装在天花板上，照亮整个室内的灯具。 •许多住宅用它来当作主要照明。 •光源大多使用环形日光灯，加上亚克力的灯罩使光扩散出去。 •能用墙上的开关或遥控器来开关灯具。使用遥控器的类型可能具备无段式或阶段性调光器。最近市面上也出现了可以调整出灯泡色和白色的LED灯。	•在日本，大多会用天花板钩来进行安装。必须根据厂商的目录来确认天花板钩与照明器具的底部是否兼容。 方形天花板钩 圆形天花板钩 圆形全挂式天花板钩 全挂式花座 吊挂用埋入式花座 吊挂用裸露式花座
4 吊灯	•用缆绳或锁链挂在天花板上的照明器具。 •有各种不同的大小和造型，灯罩的款式也非常多样。 •安装方法以不需要电力工程的天花板钩为主流，有些必须直接装到天花板上，或是使用照明用导轨。	•使用天花板钩的场合，必须注意灯具的重量。 •使用缆线的场合，为了支撑灯具重量，会加上垫条。 •使用照明用导轨的场合，电源与开关的系统位于导轨上，必须确认使用的照明器具是否兼容。 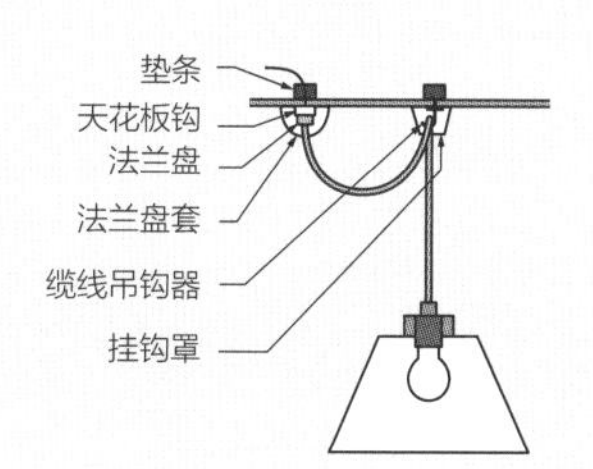

名称	特征	注意点
5 户外照明	•门柱灯、玄关外的筒灯或投射灯、庭院灯等，灯具造型多样。 •一般会使用防雨型的照明器具。 •用在住宅时，可以使用装有感应器的照明器具，来赋予夜间安全防犯的功能。 •进行设计的时候，要同时考虑到视觉上的展示和安全防犯等功能性。	•即便是防雨型，也无法用在有可能被水淹没的地点，埋入地面的照明器具和钉入式的投射灯，要避免设置在低洼地区。 •室外的器具必须要有排水处理，并在施工时进行确认。 •海岸以内500 m为深度盐害地区，2000 m以内为盐害地区，屋檐下筒灯的框架等金属构造有可能会被腐蚀，必须多加注意。除了采用不锈钢材质之外，最好装设在可以让雨水将盐洗刷掉的位置。 •即便是防雨型，若是将装在墙壁上的款式用在地面上，或是改变原本的使用方向，也会使防水性降低，必须多加注意才行。
6 壁灯	•装在墙壁上的照明器具。 •用来当作辅助性照明、走廊或楼梯的照明、间接性照明等。	•为了避免在通过走廊与楼梯时撞到灯，或是搬东西时碰到，除了确认照明器具本身的长、宽尺寸之外，还必须确认装设位置的高度与深度。
7 脚灯	•用来照亮脚边的灯具。 •用在住宅时，大多当作长明灯（常夜灯）来使用。 •在卧室和走廊可以装上感应器来自动控制开关。 •有些可以将发光的部分拿下，紧急时当作手电筒使用。	•一般的装设高度为距离地面250 ~ 300 mm。 •通常会用单用或双用的开关盒来进行施工。 •室外的场合大多会用专用盒埋到混凝土之中，不同的照明灯具规格也随之不同。 •装设在室外混凝土之中的场合，有时会在开始施工的同时就将盒子埋入。事后想要变更灯具的类型，也可能与已经装好的盒子不兼容，必须多加注意。

名称	特征	注意点
8 筒灯 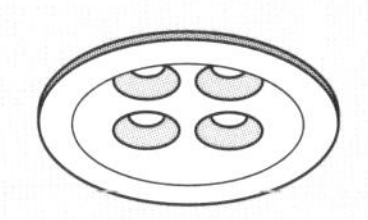	•埋在天花板内的照明器具。 •荧光灯、LED灯等，各种光源都可以选择。 •整体照明、局部照明、可调整照射角度的照明、洗墙型照明等，可根据不同的用途选择必要的类型。	•给住宅使用的场合，大多与E26或E17的灯座相容。灯具形状较小的话，会以E17为标准，一般分为将光源垂直安装（图1）与横向安装（图2）两种类型。 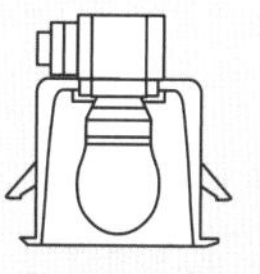 图1 垂直安装 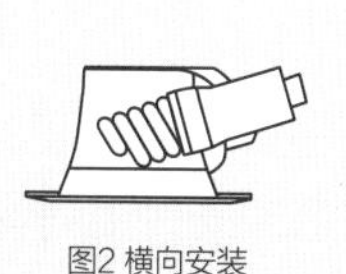 图2 横向安装 •必须配合天花板内侧空间与天花板的隔热施工，来选择适当的灯具。 •天花板的隔热施工方式与对应的筒灯： ① 填充工法：SB型 ② 隔热垫工法：SB型 ③ 热阻6.6 m^2 · K / W以下的隔热垫工法：SGI型 ④ 热阻4.6 m^2 · K / W以下的隔热垫工法：SG型 （详细请参阅第21页）
9 投射灯  栓型 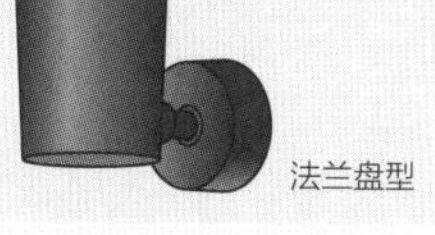 法兰盘型	•用来集中照亮房间的某一部分。 •分为装设在照明用的导轨（线路槽）上的栓型和直接装在天花板上或墙壁上的法兰盘型。 •栓型在施工之后，也能轻易调整数量和位置。 •法兰盘型就美观来看较为清爽。	•如果在同一条照明用导轨装设大量的栓型投射灯，一般住宅天花板的高度会让照明器具变得相当显眼，最好是1000 mm的导轨最多装设2 ~ 3具。 •1条照明导轨所能装设的投射灯的最高数量，取决于固定螺栓的总数。 •如果将调光电路的开关系统装在照明用导轨上，则不可以将无法调光的照明器具装在这条导轨上。
10 浴室照明 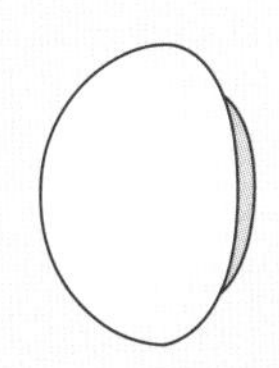	•必须可以承受水滴与湿度。 •会用橡胶环将灯罩与灯具本身之间的缝隙密封起来。 •也有部分的间接照明，但绝大部分都是壁灯或吸顶灯。	•必须使用明确记载为防潮、防潮防雨型的灯具。 •灯罩的材质最好是耐久性良好的聚碳酸酯。 •使用寿命较长的灯具，可以减少灯罩开合的次数，防止密封性减弱。 •使用LED灯的场合，为了防止故障的发生，必须确认是否对应密封型的灯具。

灯具配件的相关用语

由于装置场所与形状的不同，照明器具也产生出许多不同的种类。如果再加上灯具配件，则可以有更为多元的使用方式。在此介绍一些代表性的灯具配件与它们的效果。

降低眩光的灯具配件

配件	特征和注意点	使用场所和使用案例
遮光罩  安装设例 KOIZUMI 照明	•装在照明器具的外侧，让光源不容易被直接看到，降低眩光发生的概率。 •装在广角照明的灯具上时会阻碍到光，只用在照射角比较狭窄的照明器具上。	•客厅、餐厅、室外等。 •照射墙上的绘画等装饰品时，用来防止眩光产生。 •在室外使用时，可以防止对邻居或室内造成眩光。
蜂窝形状遮板 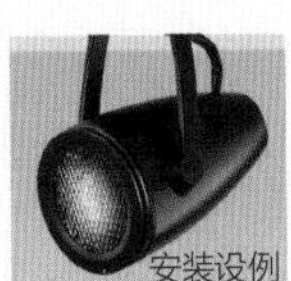 安装设例 KOIZUMI 照明	•装在照明器具发光面的蜂窝状金属格栅，避免光源直接进入人的视野之中。 •主要用在投射灯上。 •装上之后会降低些许的照度，设计时要连同这个部分一起规划。	•客厅、餐厅、室外等。 •用投射灯来确保室内整体的照度时，如果灯具数量过多，会装上蜂窝状遮光格栅来防止眩光发生。
环状遮光格栅  YAMAGIWA	•环状的格栅，降低照明器具往斜侧产生的眩光。	•室外等地点。 •大多用在埋入地面的灯具上。
光源遮光罩  使用前  使用后 KOIZUMI 照明	•包光源，让光源无法直接进入到视野之中。 •抑制侧面所产生的眩光。	•主要用在气体放电灯、大型的投射灯具等光源上。
遮光片  安装设例 KOIZUMI 照明	•4片活页可以自由调整，将多余的光挡下。	•露天的客厅等。 •在露天的客厅使用照射天花板的灯具时，防止光源被下方看到。

改变配光与色温的灯具配件

配件	特征和注意点	使用场所和使用案例
柔光镜片  装设例 KOIZUMI 照明	•让光扩散，使光线照射在地面或墙壁上的轮廓较为柔和。  平常时  使用扩散透镜时 KOIZUMI 照明	•客厅、走廊等。 •主要用在照设墙壁的筒灯或投射灯上。
拉伸镜片  装设例 KOIZUMI 照明	•让光折射，形成椭圆形的照射面积。  平常时  使用分光透镜时 KOIZUMI 照明	•客厅、走廊等。 •墙上左右较长的绘画所使用的投射灯或筒灯，用分光透镜来扩大照射范围，不用安装成组的照明器具。
切光片  大光电机	•修正光照射范围的器具。 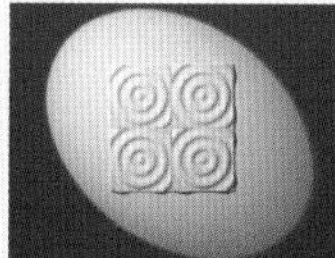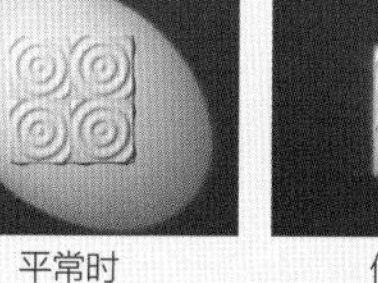 平常时 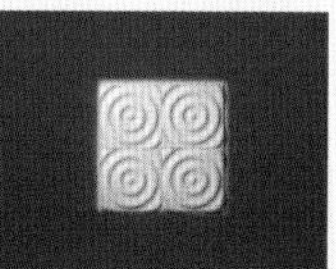 使用扩散透镜时 大光电机	•客厅、走廊等。 •墙上的绘画等，只想照射特定物体时使用。
彩色滤镜  大光电机	•让光的颜色产生变化的滤镜。	•室外等地点。 •用在室外的灯光效果、夜景的展示性照明上。
调色滤镜	•用来改变色温的滤镜。 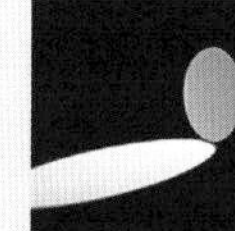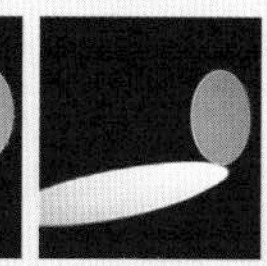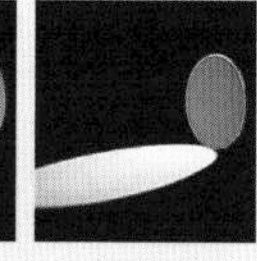 从左边开始，从原来的 2900 K 分别调整为 3500 K、4200 K、5000 K Panasonic	•客厅、走廊等。 •用在照射显示器或绘画的投射灯上。 •即便照射的物体经常更换，也可以在不改变照明器具的情况之下，配合对象来改变色温。

光源

进行照明设计时，理解光源的特征是不可缺少的先决条件。光源可大致分为两种：通过热能来发光的类型和通过电子的运动来发光的类型。在此对它们的特征和种类进行详细说明。

15 种光源之中主要使用的 3 种

如果进行细分的话， 光源多达 15 种类型（见下图），其中与住宅照明设计有关的是：白炽灯泡、日光灯和 LED 灯。

这 3 种光源分别有着各自的特征。日光灯与 LED 灯的寿命较长，白炽灯泡显色性最佳，常常开关的场所不适合使用日光灯。了解这些特征，可以在选择时找出最为合适的照明器具。

用发光的原理来将光源分类

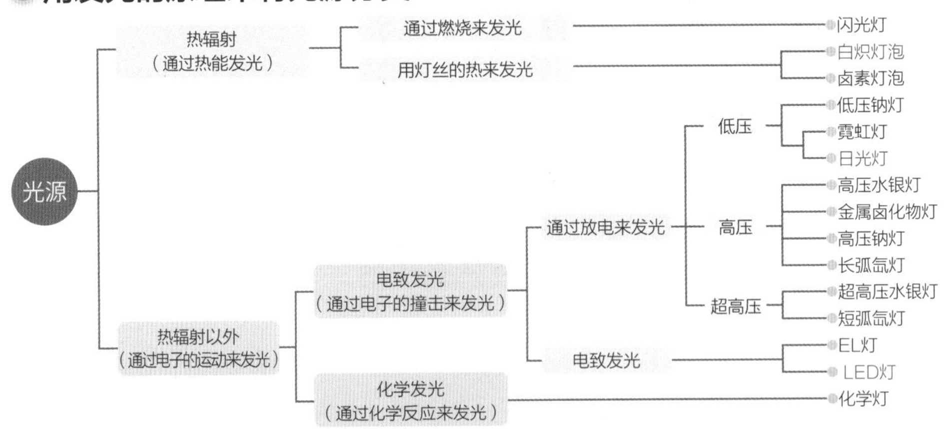

为了用在合适的场所，了解住宅照明所使用的光源种类和特征

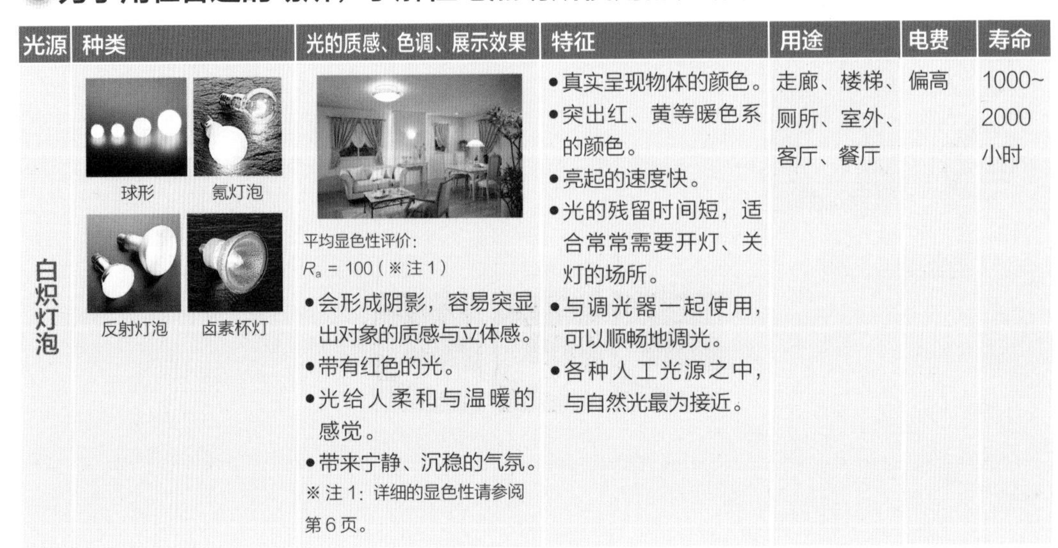

光源	种类	光的质感、色调、展示效果	特征	用途	电费	寿命
白炽灯泡	球形 氪灯泡 反射灯泡 卤素杯灯	平均显色性评价： R_a = 100（※注 1） •会形成阴影，容易突显出对象的质感与立体感。 •带有红色的光。 •光给人柔和与温暖的感觉。 •带来宁静、沉稳的气氛。 ※注 1：详细的显色性请参阅第 6 页。	•真实呈现物体的颜色。 •突出红、黄等暖色系的颜色。 •亮起的速度快。 •光的残留时间短，适合常常需要开灯、关灯的场所。 •与调光器一起使用，可以顺畅地调光。 •各种人工光源之中，与自然光最为接近。	走廊、楼梯、厕所、室外、客厅、餐厅	偏高	1000~2000小时

光源	种类	光的质感、色调、展示效果	特征	用途	电费	寿命
日光灯	灯泡色 环型 细环型 灯泡型（A型）灯泡型（D型）	平均显色性评价：R_a = 84 （不同光源有差异） •不容易产生影子。 •稍微带有红色的光。 •光给人柔和与温暖的感觉。 •带来宁静、沉稳的气氛。	•与白炽灯泡同等的亮度，电费只要1/5、寿命是其8倍。 •即便光源裸露，也不大会感到刺眼。 •有些类型按下开关之后，需要一些时间才会亮起。 •反复开关会缩减光源的寿命。 •是否可以调光，得看镇流器的规格。 •光容易扩散。 •要有镇流器，灯才能亮起，有些款式会直接装设在内部。	客厅、餐厅、卧室、和室、室外	低廉	8000~12 000小时
	昼白色 环型 细环型 直管 灯泡型（A型）灯泡型（D型）	平均显色性评价：R_a = 84 （不同光源有差异） •不容易产生影子。 •光的颜色苍白，如太阳光一般。 •可以营造出爽朗且适合活动的气氛。 •最适合看书或阅读。		客厅、餐厅、儿童房		
LED灯	灯泡色 GX53 灯座 灯泡型（E26/E17灯座）	平均显色性评价：R_a = 70 - 80 （不同光源有差异） •稍微带有红色的光。 •颜色给人柔和与温暖的感觉。	•与白炽灯泡同等的亮度，电费约1/8，寿命是其40倍。 •照射面所发出的热量、紫外线、红外线较少，适合用来照射容易受到这些物质影响的美术品或生物。 •开关按下之后，灯具亮起的速度快。 •寿命长，适合用在不容易维修的场所。 •有些可以通过专用的调光器来进行调光。 •容易受到热气和湿气的影响，必须充分注意散热的问题。 •容易形成较高的亮度，必须注意装设的方式与位置。	客厅、餐厅、卧室、和室、室外	低廉	40 000小时
	昼白色 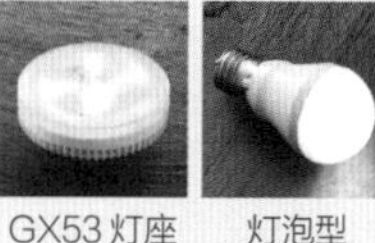 GX53 灯座 灯泡型（E26/E17灯座）	 平均显色性评价：R_a = 70 - 80 （随着灯具款式变化） •光的颜色苍白，如太阳光一般。 •可以营造出爽朗且适合活动的气氛。				

KOIZUMI 照明

如何阅读产品目录

在进行照明设计，选择想要使用的照明器具时，会使用各制造商所印制的产品目录。各个制造商的产品目录之中所记载的信息大致相同，掌握基本的阅读方式，可以从中选出最适合自己的照明器具。

理解产品目录上的信息

选择照明器具时，不仅要考虑灯具的基本信息，光的呈现方式和完成之后的建筑是否搭配，也是必须确认的重要事项。另外，以产品目录上的信息为标准，到制造商的展示厅亲身体验一下实际的效果，可以让照明计划更加实际。

必须检查的记载项目与注意点（以日本出售的商品为例）

（例）

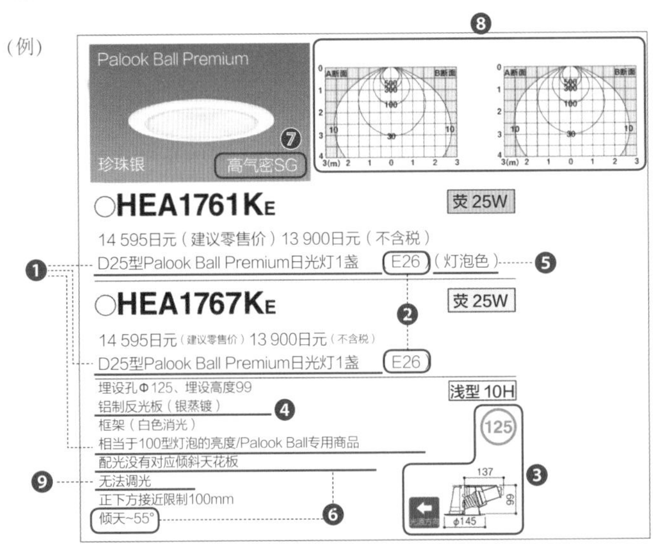

Panasonic

❶ 使用灯具
❷ 灯座规格
❸ 形状
❹ 灯具材质
❺ 灯光颜色
❻ 对应的天花板形状
❼ 对应的热阻规格
❽ 光的强度、扩散方式
❾ 是否可以调光

项目	注意点
❶ 使用灯具	即便灯座的规格相同，也会存在日光灯、LED灯等各种不同的光源。要在此确认使用的是哪一种光源、是否适合自己的照明计划。上图例子中是Palook Ball（Panasonic的日光灯品牌）的专用商品，无法给白炽灯泡使用。
❷ 灯座规格	住宅的主流为E17、E27规格。为了避免规格不一，建议统一使用比较容易补充的E26，让筒灯和投射灯在灯具不同的情况下也能使用同样的光源。
❸ 形状	天花板内侧的空间若是比较狭窄，必须确认灯具的高度，找出较低的款式，并确认装设场所是否适合灯具的大小。
❹ 灯具材质	即便外表看起来一样，也有可能使用不同的材质。有些材质对于使用环境有所限制，挑选时必须多加注意。
❺ 灯光颜色	日光灯与LED灯的某些灯具，如果灯光颜色不同，型号也有可能不一样。

项目	注意点
❻ 对应的天花板形状	装设在天花板上的器具，有普通和倾斜天花板两种类型。若是将普通型装在倾斜的天花板上，正下方有可能无法得到亮光，要多加注意才行（参考右图）。 落地灯的场合
❼ 对应的热阻工程	根据天花板隔热施工方法的不同，可以使用的形状也不一样（见下表1）。
❽ 光的强度、扩散方式	直接水平面照度分布的信息，详细内容参阅本页下方图1。
❾ 是否可以调光	根据光源的种类，分成可调光与不可调光。LED灯无法通过外表来判断，要多加注意才行。

表1 根据隔热材料与地区的变化，筒灯所能对应的隔热工程

种类		对应的隔热工程等
S形 隔热施工用 不用切割天花板的隔热材料，就能装设。节能性佳，施工方便。	SB形	不用切割隔热材料，灯具也不会产生过热的现象。另外也能对应隔热垫施工法、填充法。
	SGI形	可以用在包含地区I（北海道）在内的、热阻6.6 m^2 · K/W以下的隔热垫施工的天花板。用填充法来隔热的天花板无法使用。
	SG形	适用于地区I（北海道）以外的钢筋混凝土结构的住宅，以及热阻4.6 m^2 · K/W以下的隔热垫施工的天花板。地区I的墙壁施工、钢芯木造、框架式住宅、填充法的天花板无法使用。
M形 一般用 灯具产生过热的现象，必须将隔热材料切割，才能进行装设。		隔热垫施工法、填充法都无法使用。装设时必须将隔热材料切割，让灯具和隔热材料之间可以留一定的空间。

Odelic

图1 如何读取直接水平面照度分布图上的信息

配光是指各种灯具和光源发出光的方式，右下方的直接水平面照度分布图就是产品目录上所记载的配光信息之一。通过这张图来掌握光的扩散范围，可以更为精准地确定灯具的款式和使用间隔。

中间代表光源，可以了解距离光源1～5 m的各个距离所能得到的照度。在这个图中，光源正下方5 m的照度为10 lx。

代表1/2照度角的虚线，以光源的正下方为基准时，照度减少至1/2的位置。在这张图内，光源正下方5 m往外3.2 m的地点，照度会降低到5 lx；光源正下方3 m往外2 m的距离，照度为10 lx。

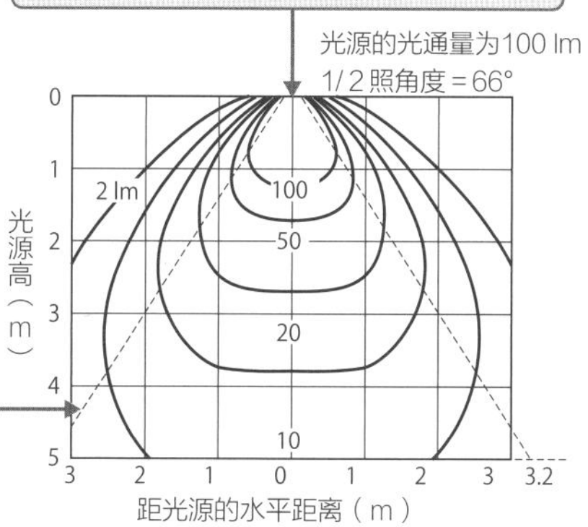

照明器具的种类与使用方法

在第 12 页我们介绍了照明器具的种类，在此将连同照明器具的使用方法在内，做更进一步的介绍。掌握各种照明器具的具体特征以及它们所能呈现的照明空间，可以将照明设计得更加详尽。

筒灯

筒灯是极为普遍的住宅照明器具，种类也不在少数。因此必须掌握它的基本构造与特征、光的视觉效果，来选出符合自己目的的款式。筒灯可分为将整个空间照亮的整体照明和只将特定部位照亮的局部照明。

筒灯的基本构造

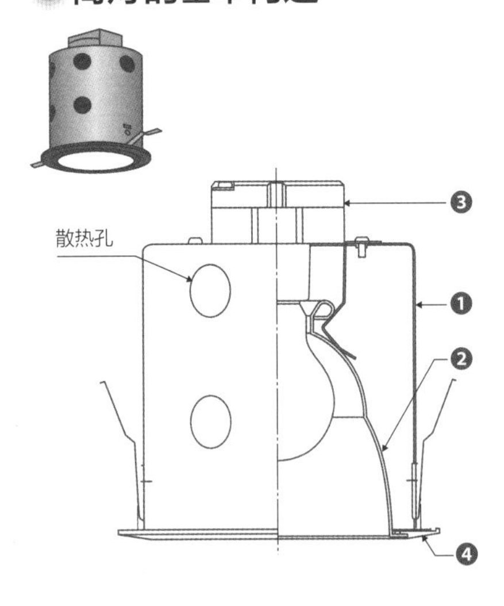

❶主体
- 在适当的部分开孔，让光源所发出来的热可以散发出去。
- 对应隔热施工的灯具会设计成没有必要让热散发出去，因此主体的构造有所差异。

❷反射板
- 用日光灯当作光源的场所，反射板可以让光有效地往下照射。
- 即便是瓦数相同的光源，也会随着反射板性能上的差异，让照射面的亮度出现变化，必须确认产品目录上的配光信息。

❸电源端子
- 连接电源用的端子台。
- 除了直接与100 V的电线相连，有些照明器具还需要变压器或安定器。

❹边框
- 从下方所能看到的外框。
- 有铝、塑料、木纹质感等。
- 在选择的时候，必须确认边框的颜色与天花板完工之后的颜色。

整体照明用的筒灯的视觉效果与特征

种类	视觉效果	规格图例（※注1）	特征
附带反射板的纵向插入型		148 ϕ145	●以垂直的角度将光源装上的类型。 ●大多用在整体照明上。 ●根据灯具种类的不同，可能需要相当的深度，必须确认尺寸与天花板内侧是否有足够的空间。 ●代表性的光源有灯泡型日光灯、氪灯泡、LED灯等。
附带反射板的斜向插入型		109 81 ϕ145	●以倾斜的角度将光源插入的类型。 ●灯具直径与深度都比较小，天花板内侧空间有限的时候也能使用。 ●以使用迷你氪灯泡、灯泡型日光灯的E17型灯具为主流。

注1：图中尺寸单位为毫米（mm），以下同。

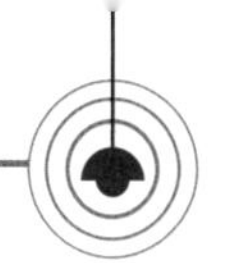

种类	视觉效果	规格图例	特征
附带反射镜的光源用		200 / 129 / ϕ116	●反射灯泡或卤素杯灯等，给附带反射镜的光源使用 。 ●配光主要是受到光源的影响，同样的灯具也能选择狭角或广角。 ●灯具一方没有反射板，直径也比较小。
无眩光型		228 / 155 / ϕ116	●光源的位置高于反射板，从下往上看的时候光源会被反射板遮住，让人无法直接看到。 ●将眩光的感觉降到最低，让光充分光照射到地面。 ●代表性的光源有卤素灯、LED灯等。
挡板型		109 / 84 / ϕ145	●灯具内部的反射板有沟槽，让光扩散来降低眩光。 ●可以呈现出较为柔和的灯光。 ●使用同样光源的场合，正下方的照度比反射板的灯具要低。 ●代表性的光源有灯泡型日光灯、LED灯等。
附带下方灯罩 ※注1		148 / ϕ165	●在灯具下方附带有灯罩的类型。 ●屋檐下方、浴室等,会用在有水的环境之中。 ●灯罩的材质为玻璃，有透明和乳白色等类型，乳白色的场合会使正下方的照度降低。 ●代表性的光源有氪灯泡、灯泡型日光灯等。
倾斜天花板用的筒灯		115 / 104 / ϕ143	●即便装在倾斜的天花板上，也能将光垂直照射到地面。 ●代表性的光源有氪灯泡、灯泡型日光灯等。
天花板筒灯		0.4kg / 66.7 / 83.5 / 90 / ϕ140	●把灯具直接装到天花板上。 ●天花板内侧没有空间，或者天花为清水混凝土等，无法将筒灯埋到天花板内部的时候使用。 ●代表性的光源有氪灯泡、灯泡型日光灯等。

Panasonic

※注1：照片为室外用的灯具。

局部照明用的筒灯的视觉效果与特征

种类	视觉效果	规格图例	特征
灯头可旋转型筒灯 	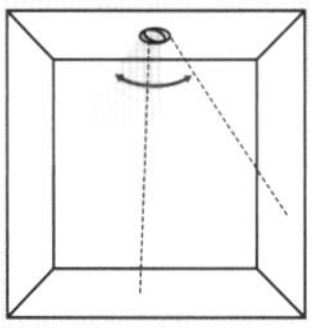	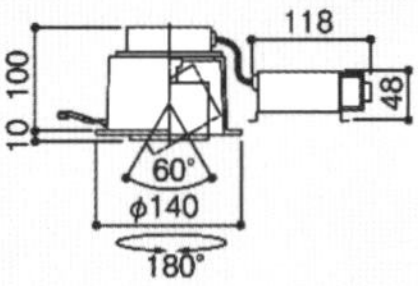 118 / 100 / 10 / 48 / 60° / φ140 / 180°	•照射方向可以转动。 •在转动的时候，灯具会从天花板表面稍微凸出。 •使用的代表性光源有氪灯泡、卤素杯灯、反射灯泡、LED灯。
可调角度型筒灯  ※注1	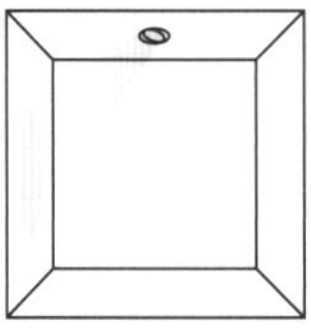	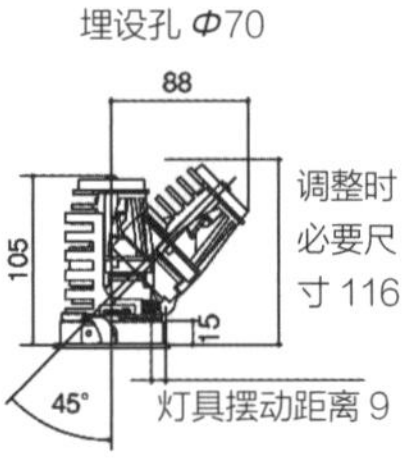 埋设孔 Φ70 / 88 / 调整时必要尺寸 116 / 105 / 15 / 45° / 灯具摆动距离 9	•摆动范围约30° 。 •灯具内部可以改变角度，不用凸出到天花板的表面上。 •光源位于灯具较深的位置，不适合用在广角照明上。 •灯具尺寸较大，必须确认天花板内侧是否有足够的空间。 •使用的代表性光源有氪灯泡、卤素杯灯、反射灯泡、LED灯。
投射型筒灯  ※注1	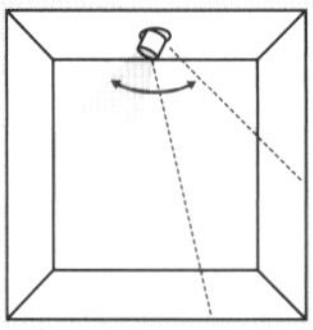	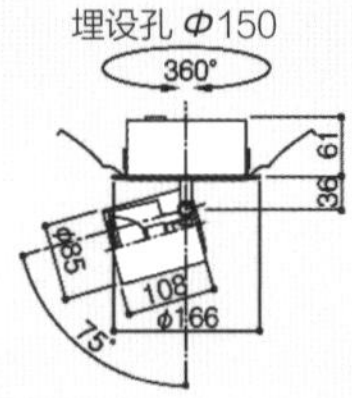 埋设孔 Φ150 / 360° / 61 / 36 / φ85 / 108 / φ166 / 75°	•可以将灯体的部分拉到表面，调整照射方向。 •有些款式的转动范围高达90° 。 •使用的代表性光源有氪灯泡、卤素杯灯、反射灯泡、LED灯。
洗墙型筒灯 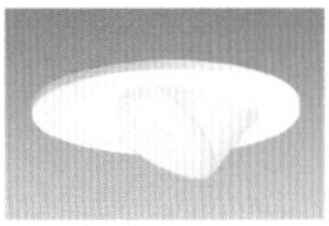	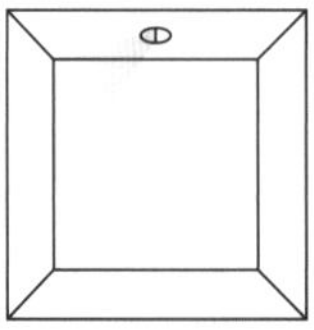	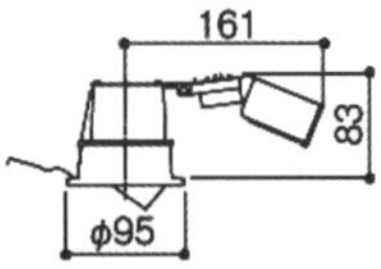 161 / 83 / φ95	•大多数用来照射墙壁或墙上的绘画等装饰品。 •使用的代表性光源有灯泡型日光灯、氪灯泡、LED灯。
壁龛、壁柜用 	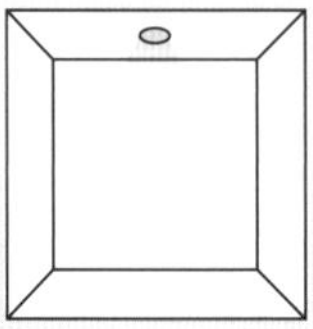	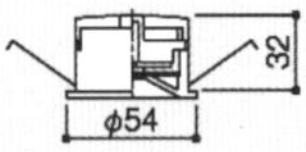 32 / φ54	•墙壁上的龛或柜子内部等，适合顶部没有厚度的位置。 •某些款式的灯具必须使用变压器。 •使用的代表性光源有卤素灯泡、LED灯。
聚光筒灯 	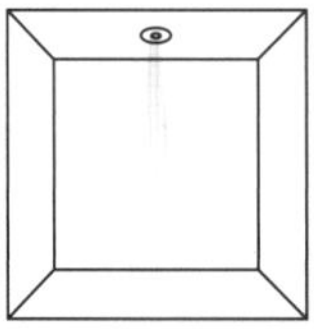	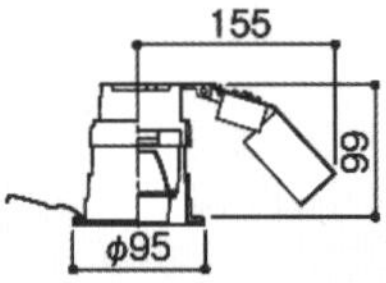 155 / 99 / φ95	•下方装有只在中央开孔的遮罩，有如聚光灯一样，照亮范围狭小。 •无法直接看到光源，因此也有降低眩光的效果。 •使用的代表性光源有卤素杯灯、LED灯。

※注1：照片中的灯具是隔热施工无法使用的类型。

Panasonic

埋入式照明

地板埋入式照明是从下方照射墙壁等位置，为空间整体照明的展示增添色彩的一种照明方式。虽然室内、室外都会使用，但某些款式有负荷上的限制，必须事先确认装设之后的使用环境。

有些埋入式照明可以用在墙壁上，住宅所使用的埋入式照明主要为脚灯。建筑物若是采用混凝土建造，必须事先将埋入式灯具的安装盒装好，要与钢筋结构图对照来进行照明设计。

埋入式照明的种类与特征

种类		用途与特征	注意点
地板埋入式（室内用）	地板灯 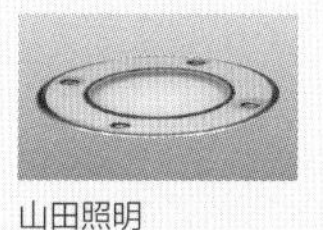 Odelic	•从地面照亮墙壁或柱子，可以形成非日常性的气氛。 •如果加上乳白色的灯罩，或是可以调整照射角度的款式，则不容易给人刺眼的感觉。 •室内用的灯具无法防水，因此不能用在可能会湿的玄关等地点。	•如果装在可以直接用手触摸的场所，必须使用具有防止烫伤设计的灯具，或是光源发热较少的LED灯、日光灯。
地面埋入式（室外用）	标示性照明 山田照明	•并非用来照亮树木等特定的对象，而是以点缀空间、标示路径为目的。 •色彩变化丰富的LED灯，可以让灯光的颜色也成为点缀的一部分。	•照射面的玻璃如果被雨淋湿的话，有可能会让人滑倒，必须进行防滑处理。 •即便是可以让车辆行走在上面的款式（负荷在3t以下），也需要有禁止将车停在上面等的使用限制，务必事先确认使用状况来进行挑选。
	向上照明用 山田照明	•照亮建筑物或树木时所使用的照明。 •部分款式可以加装遮光罩或遮板等（配件详细请参阅第16页、第17页）。 •无法调整角度，必须事先思考装设位置是否能确实照到想要照亮的物体。	
	可调角度型 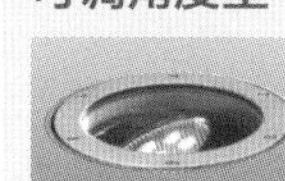 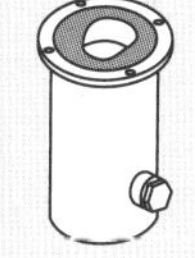 山田照明	•照亮建筑物或树木时所使用的照明。 •部分款式可以加装遮光罩或遮板等（配件详细请参阅第16页、第17页）。 •可以调整角度。 •可调整的角度会随着灯具种类而不同，必须事先考虑装设位置是否能确实照到想要照亮的物体。	
墙壁埋入式	脚灯（室内用） Odelic	•装在走廊或楼梯等地点，让地面的高低差可以清楚地被看到，或是照射地板来确保脚边的光线。	•如果装在钢筋混凝土的墙壁上，必须事先将埋入式灯具所使用的安装盒装好。
	脚灯（室外用）  Odelic 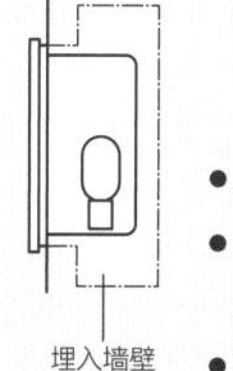 埋入墙壁用的盒子	•用在楼梯或从门到玄关的通道上。 •也有装上乳白色的灯罩或遮板（详细请参阅第16页）的款式。 •既想要照亮脚边，又不想让灯具的存在感太过强烈的时候，可以使用附带遮板的款式。	

※插图为一般使用的款式，与照片中的灯具并不相同。

投射灯

投射灯在内侧没有足够空间的天花板上也能装设，在装好之后能改变照射的方向，是使用起来非常方便的照明器具之一。

较为一般的款式，有第 15 页介绍的、装在天花板的法兰盘型和装在照明用导轨上的栓型投射灯。栓型还有附带变压器的款式。装在同一条导轨上的灯具，会使用同一组开关电路。除了这两种款式之外，半埋入型和户外用的钉入式投射灯，也都可以活用在住宅照明上。

投射灯的种类与特征

种类	特征	装设地点	主要使用的光源
法兰盘型	•看不到电线，可以让天花板表面保持清爽。	•墙壁上、地面、天花板上等，任何地点都可以装设。 •也可用在室外。	•彩色滤光灯泡、氪灯泡、反射灯泡、灯泡型日光灯、LED灯。
栓型 附带变压器	•无须额外的电路工程就可增加灯具数量。	•一般会装在天花板上。 •如果装在墙壁上，必须附有线槽盖，且位于人手无法轻松触摸到的高度（1800 mm以上）。	•彩色滤光灯泡、氪灯泡、反射灯泡、灯泡型日光灯、LED灯。
半埋入型	•将法兰盘的部分埋到天花板内，让外表更加清爽。	•只能装在天花板上，必须要有埋设用的开孔。	•低压卤素灯泡。
钉入式	•移动和调整非常简单，一般会连接到5 m左右、附带接地的插头上。	•室外用的投射灯。 •使用时会插到地面进行固定。	•卤素杯灯、氪灯泡、反射灯泡、灯泡型日光灯、LED灯。

Panasonic

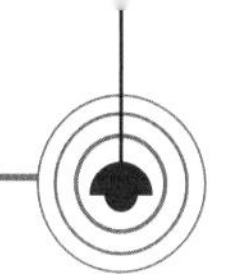

按照灯具的种类来选择配线槽

种类	特征	可使用的灯具
100 V用	•最为一般的配线槽。	•100 V用的灯具。 •低电压（12 V）用、高强度气体放电灯、装设部位和降压器或镇流器一体成型的款式。
低压(12 V)用	•装设部位没有降压器，外表感觉清爽。 •和100 V相比线，槽较细。 •没有专用的线槽盖，无法装在墙上。 •必须在天花板内设置变压器。	•低电压（12 V）用的灯具。
高承重用	•适合用在灯具承重量比较高的场合，无法装在墙壁上使用。 •使用时必须强化天花板的龙骨构造。	•除了投射灯之外，还有日光灯等大型基本照明。
双电路用	•用1条配线槽来控制2个电路的开和关（一般为1 条1个电路）。 •没有专用的线槽盖，无法装在墙上。	•主要给美术馆等双电路轨道的投射灯使用。

配线槽的设置方法会随着完工材料与呈现方式而改变

种类	直接装在天花板上	直接装在墙壁上	埋入型（附带框架）	埋入型（没有框架）
	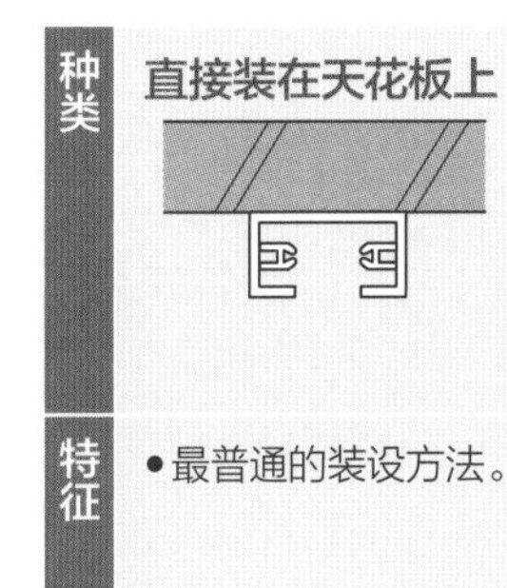	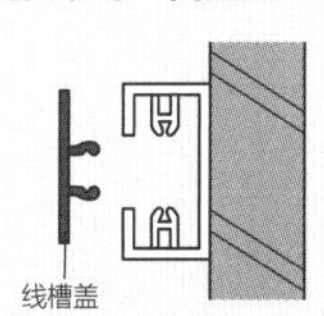	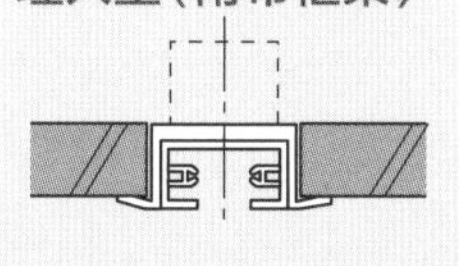	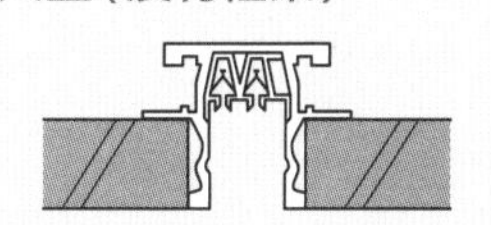
特征	•最普通的装设方法。	•为了不让导电的部分积累灰尘，灯具以外的部分必须加上专用的线槽盖。	•和直接装在天花板上的类型相比，天花板的表面要清爽许多。	•装设之后，表面只会看到沟槽，天花板的外观可以保持清爽。 •主要使用国外制造的投射灯。日本产的灯具必须更换栓的部分才能适用，住宅几乎不会用到。

法兰盘型装设时的注意事项

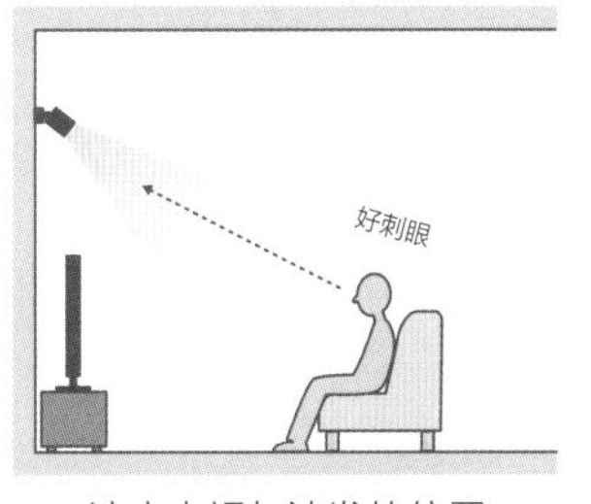

注意电视与沙发的位置

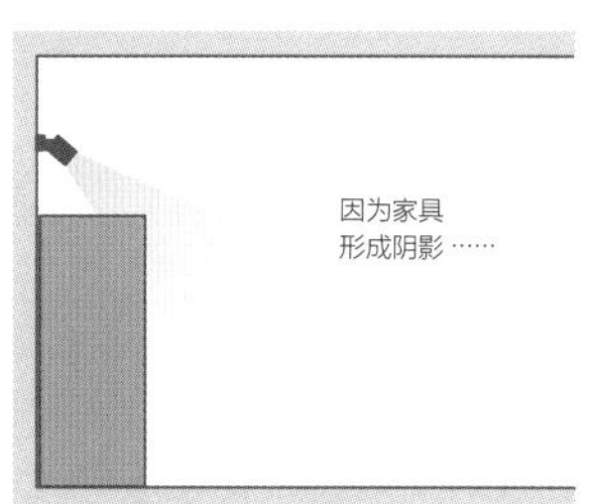

注意家具的高度与位置

- 在设计阶段就决定好装设的位置和数量。
- 考虑到装设环境的用途和家具的摆设方式。

吊灯

吊灯大多装设在餐厅餐桌的上方位置，根据灯具的形状和配光的不同 ，可以让照明设计得更加完善。另外，吊在挑高空间等天花板较高的地点，除了可以让人注意到天花板的高度之外，维修起来也会比较方便，不论设计还是功能上都拥有相当的优势。关于将吊灯用在天花板较高的地点时的装设技巧，将在第 3 章的第 59 页进行详细介绍。

4 种不同的吊灯装设方法

种类	法兰盘型（天花板钩）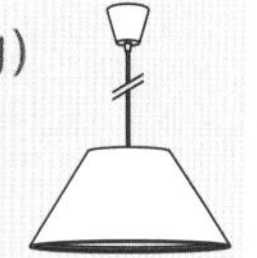	法兰盘型（直接装设）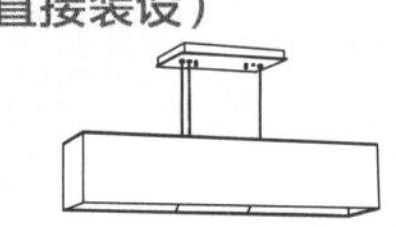	配线槽型	半埋入型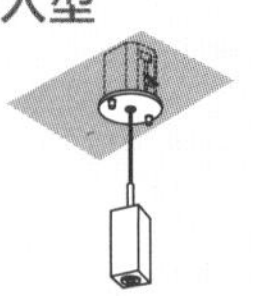
特征	•小型灯具较多。 •普通人也能进行装设。 •想要让法兰盘的装设位置和照明器具的吊挂位置错开，可以用缆线吊挂器（请参阅第13页、第29页）来进行调整。	•必须由持有电器工程执照的专业人员来进行装设。	•因为装设配线槽的关系，位置调整起来比较容易。 •开关系统会依附在配线槽上。 •将其他照明器具装设在同一条配线槽上的话，能一起进行开关。	•需要变压器的12V灯具，为了将变压器装在天花板内侧，有时会采用半埋入式的构造。
装设场所	•餐厅餐桌的上方等。	•餐厅餐桌的上方等。	•客厅、餐厅等。	•客厅等。
主要使用的光源	•灯泡型日光灯、环型日光灯等。	•灯泡型日光灯、直管型日光灯等。	•迷你氪灯泡、LED灯泡、灯泡型日光灯等。	•12 V卤素灯泡。

从配光来看吊灯的种类

种类	全方位扩散型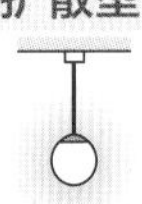	遮光型灯罩	透光型灯罩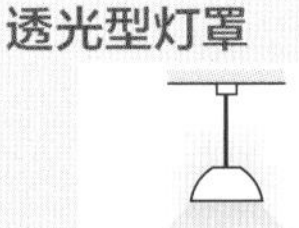	直线型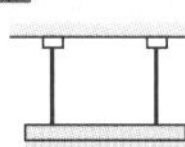
特征	•用球型玻璃灯罩让光扩散到每一个方向。 •发光面积大、不太刺眼。	•光只会往下方照射。 •天花板会比较暗，可以和上方照明或间接照明组合使用。	•灯罩部分也会让光通过，与全方位型相似。 •光往下方强力照射。	•分为只照射下方和上下都进行照射等两种类型。 •灯具细长，可以给人清爽的印象。
装设场所	•客厅、餐厅、和室等各个起居用的空间。	•餐厅餐桌的上方等。	•餐厅餐桌的上方等。	•餐厅餐桌的上方、作业桌上方等。
主要使用光源	•灯泡型日光灯等。	•迷你氪灯泡、灯泡型日光灯、LED灯泡、卤素杯灯等。	•灯泡型日光灯等。	•直管型日光灯、直线型LED灯等。

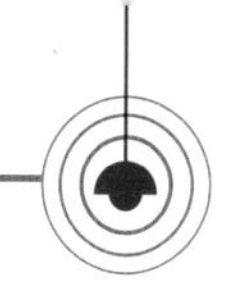

使用吊灯的各种配件及其特征

种类	倾斜天花板用的法兰盘	缆线吊挂器	缆线调节器	配线槽用的天花板钩	吊灯调节器
	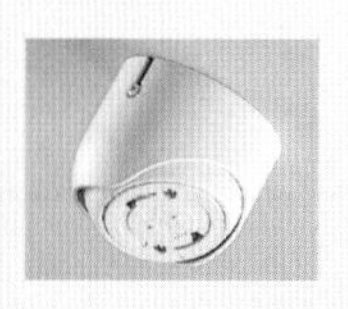		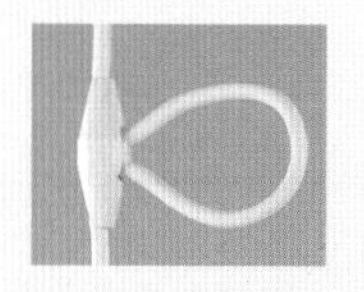		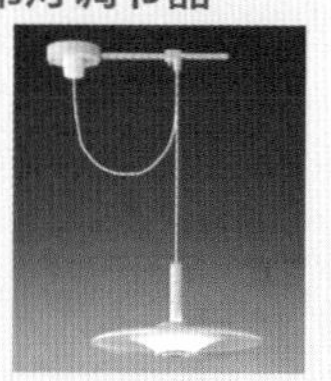
特征	•可以将对应天花板钩的吊灯装在倾斜的天花板上。	•想要改变电源、吊挂的位置，或是调整吊灯高度时使用。 •使用方法请参阅第13页。	•装在吊灯缆线中间，用来调整吊灯的高度。	•配线槽栓与天花板钩的转换头。	•不用在天花板上另外开孔，来改变吊灯的位置。

KOIZUMI照明

吸顶灯照明

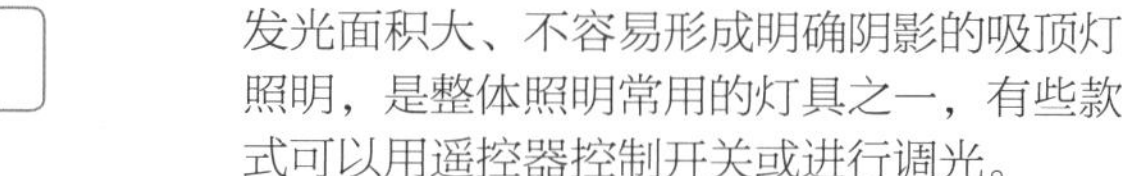

发光面积大、不容易形成明确阴影的吸顶灯照明，是整体照明常用的灯具之一，有些款式可以用遥控器控制开关或进行调光。

依房间的大小来决定灯具尺寸

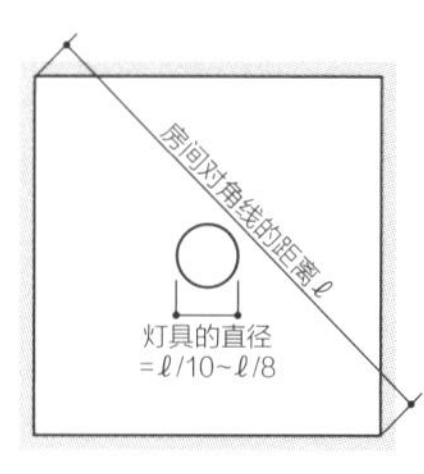

灯具尺寸如果过大，会让整个空间感失去平衡。可以考虑用房间对角线长度的1/10 ~ 1/8，当作吸顶灯照明的标准。

即使只有吸顶灯照明，生活起居也不会有什么问题，但是如果和吊灯、落地灯一起使用，可以让手边也维持充分的亮度。

用不同的装设零件，来对应不同规格的照明器具

种类	方形天花板钩	圆形天花板钩	全挂式花座	吊挂用埋入式花座	附带插座的吊挂用埋入式花座
	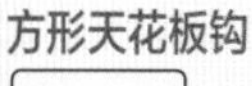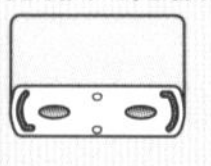				
特征	•用来装设吊灯等比较轻的灯具。 •插入之后，转动一下就可以完成安装，使用起来非常方便。		•两侧有金属固定的类型。 •不用在天花板上开小螺丝孔，也能固定照明器具。 •装设吊灯的场合，两侧的金属件有可能收不进法兰盘内，必须事先确认才行。		

壁灯

壁灯主要用在挑高空间，当作往上的照明，或是用在走廊、楼梯处来确保充分的亮度，依照配光的种类来分开使用。配光分为灯具整体发光的全方位配光、只有上下发出光芒的上下配光和只有上下其中一边发光的单侧配光等类型。另外，灯罩的材质和透光度会影响光的扩散方式，必须按照场所和用途来进行选择。

从配光方式来看壁灯的种类

种类	全方位扩散型	上方配光型	下方配光型	上下配光型

特征	•用玻璃或聚碳酸酯等透光性的灯罩，让光扩散到整个空间。	•只让光往上方照射。 •有些灯具的构造会让光无法从下方看到，形成类似间接照明的效果。	•只让光往下方照射。	•上、下两个方向都有光照射。 •光源无法被直接看到。
装设场所	•客厅、盥洗台、玄关等。	•露天的客厅等，想要突显出天花板高度的地点。	•天花板较低的走廊或卧室等。	•天花板较高的玄关、客厅、卧室等。

远藤照明

落地灯

落地灯有直接放在地上的地面型和放在桌上使用的桌上型两种不同的款式。这两种款式都跟吊灯或壁灯一样，根据灯罩的造型与透光性的不同，光的扩散与呈现方式也会产生变化。落地灯的开关大多位于灯具本身与插头之间，有些款式也具备调光的功能。

从配光方式来看落地灯的种类

种类	全方位扩散型	直接型	半直接型	间接型
特征	•光向全方位扩散。	•通过可移动式的灯架来调整光源。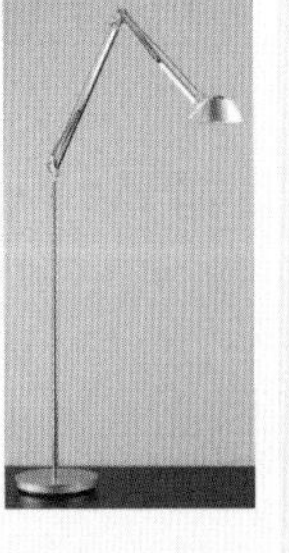	•兼具全方位扩散型与直接型的特征，照亮手边的同时，也让光扩散到整个室内。 •适合与透光性较高的灯罩搭配使用。	照射墙壁或天花板为白色的场合，可以让光扩散到整个室内。但如果墙壁有光泽的话，会让光源显得特别突兀，要多加注意才行。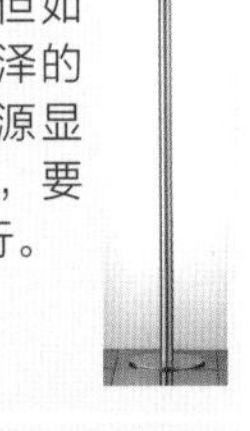
用法	•用在灯具高度较低的场合，可以在低处形成明亮的空间，营造出沉稳的氛围。	•设置在沙发旁边等，为手边提供亮光。 •直接型的落地灯无法照亮天花板，必须与其他灯具搭配使用。	•用筒灯来当作整体照明的场合，天花板整体会比较暗，加上半直接型的落地灯可以取得均衡的光照效果。	•放在地面来照射天花板或墙壁，提供间接性的光源。 •不适合用来照亮手边等作业范围。

大光电机

第 2 章

住宅照明的设计流程

方案设计师的照明计划

照明设计必须根据各个房间的使用方式、家具的位置、完工材料的颜色和种类、是否有高龄者使用等实际生活情况来进行。在此使用某方案设计事务所的实际案例，来介绍照明计划的详细流程。

方案设计师进行照明设计的流程

方案设计师在基本设计、估价预算的阶段并不会制作电气设备图，大多只是通过口头进行描述，到制作图纸、详细估价的时候，才会将详细的位置和灯具的款式、型号记载在图纸上。

从基本设计到交房

1 基本设计

制作基本图纸的时候，要听客户讲述各个房间的使用目的、照明的喜好，并确认家具大致上的摆放位置。听客户讲述时必须注意的检查项目，详细请参阅第34页。

从投射灯、筒灯、吊灯、壁灯等照明器具之中，选出各个房间的主要照明。

2 估价的预算

此阶段还不会提出灯具列表或电器设备图等图纸资料，一般会计算出随着规模变化的估价内容，或是用文字来描述与照明相关的信息。对于施工的承包商则主要是提出以下内容：

- 各个房间的主要照明方式，并确认家具大致的摆设位置；
- 一般会委托承包商对他们估价计划中的相关商品的价位、数量进行估算，如：
  ① 插座与开关；
  ② 照明器具；
  ③ 除了配电盘之外，住宅所需要的其他电气设备等。
- 如果客户有要求特殊的灯具或配线设计，则一并将其记载下来，以上会由施工的承包商以“一式”（一套）的记载方式在估价预算书中提出。

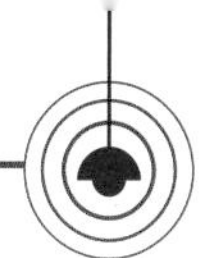

3

实施计划

这个阶段将决定照明器具、开关、插座的位置和产品内容，并详细地记载在图纸上。一般记载在电气设备图上的信息有以下三点：

- **特别记载的规格**

  对该建筑进行估价时的标准。

- **照明器具外观列表**

  将电器设备图所记载的照明器具的信息制作成表格，同时附上照片，方便让客户和承包商达成共识。

- **电器设备图**

电器设备图是写有照明器具、开关、插座等位置的图纸。照明的场合，会用线将开关和控制的灯具连在一起，让人确认实际的运作状况。

4

详细估价

与施工计划的图纸一起，由施工承包商所进行的估价内容。在木造住宅的级别，许多承包商会按照“一套”的方式来提出，因此，也可以以节约成本为要求，请他们提出内容更为详细的评价书。对估价进行调整之后，再决定内容与金额。

5

工程动工、施工中

如果因为客户的委托让详细估价内容发生变化，必须请承包商对这个部分进行估价，并确认工期是否会出现变化，之后再请客户确认金额。如果工期延长，也一并进行确认，等客户同意之后再进行施工。如果事先没有请客户确认，日后极有可能产生问题。施工中会按照第42页、第44页来确认家用电器设备的种类与装设地点。

6

完工、交付

交付之前的完工检查作业，会确认完工后的机种、数量、位置是否与设计图或中途变更部分的内容相符。另外，也要确认照明器具的开关与调光等各种功能。亮度给人的感觉会随着墙壁和天花板完工之后的颜色变化而变化，必须和客户一起进行确认。亮度的调整会以光源的瓦数为单位来进行，如果太暗的话，则在可能的范围内加装灯具；还可根据房间的构造，用落地灯来进行调整。

1 基本设计

基本设计时，用听取客户意见的检查表来确认居住上的各种细节

设计时会制作电气设备图，不过在这之前，必须事先和客户确认某些事项。通过这些内容，我们可以清楚地认识到客户的居住方式，并了解客户对照明的认识，以避免产生重大的误会。

项目	目的	内容
家中成员	掌握必要的照度	□ 家中成员 确认家中成员的年龄等信息
兴趣、爱好	掌握生活模式	□ 家族的兴趣和喜好 客户觉得舒适的场所、憧憬的场所等，找出可以达成共识的具体方案
用途	确定适合建筑整体用途的照明和照度	□ 确认哪些房间必须迎接访客 迎接访客的房间可以准备与其他地方不同气氛的照明等
各个房间的用途	确定适合各个房间的照明和照度	□ 房间名称 □ 饮食、烹饪、阅读、团聚、进修、工作、娱乐 □ 其他 听取各个房间具体的用途，确定必要的照度
照明的喜好	掌握客户对于照明的喜好	□ 喜欢整体明亮的空间 □ 喜欢明暗分明的空间 □ 喜欢白炽灯泡那种温暖的光 □ 喜欢日光灯那种偏白（苍白）的光 □ 喜欢很少需要维修的LED灯 □ 其他
对于墙壁、地板、天花板的颜色喜好	确认颜色明暗对照度的影响	□ 喜欢墙壁、地板、天花板都接近白色的空间 □ 喜欢地板颜色较深、墙壁和天花板接近白色的空间 □ 喜欢地板和天花板颜色较深、墙壁接近白色的空间 □ 喜欢墙壁、地板、天花板都接近深色的空间 □ 其他

2 估价的预算

预算估价单一般会以“一式”（一套）来记载金额

工程名称：○△×□宅 新建工程

名称	摘要	数量	单位	单价	金额（日元）	备注
基础工程		1	套		925 000	
木造工程		1	套		6 510 500	
电气设备工程		1	套		174 100	
主体工程		1	套		15 733 100	

由施工承包商所提出的，记载有一套金额的预算估价书。一般通过器具的数量和价格来计算。

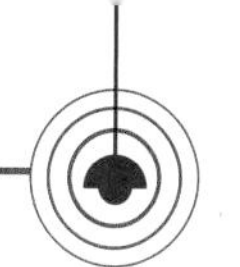

3 实施计划

设计时的电气设备图，必须是符合使用方法的图纸

方案设计师所绘制的电气设备图，与电气设计师所制作的配线图并不相同。方案设计师的电气设备图以家用设备的规格、使用方法为主，用来给承包商进行估价，或是向客户、现场施工人员进行说明。

电气设备图所记载的各种电气设备的项目

符号	名称	符号	名称	符号	名称
⏀	双孔插座	⏀3	3孔插座	⏀E	接地插座
⏀WP	防雨型插座	⏀	地板用插座	⊗--►	墙壁换气窗
⊠--►	天花板换气窗	--►⏀	进气孔	▷--►	室外换气罩
•	开关	•3	3回路开关	•4	4回路开关
•感	感应器开关	㋝	感应器	◓	电话用插孔
⊖	电视用插孔	Ⓜ	多媒体插孔	ⓣ	室内对讲机（子机）
Ⓣ	室内对讲机（母机）	○	天花板灯	▭○▭	直管型日光灯（20W）X1条
▭○▭	直管型日光灯（40W）X1条	⊘	吊灯	◎	筒灯
Ⓑ	壁灯	Ⓢ	投射灯	◘	落地灯
R	遥控器（厨房、浴室）	◢	配电盘	S	住宅型火灾报警器（感烟式）
N	住宅型火灾报警器（感热式）				

上表是各种设备所使用的符号。不用记载配线的种类或不同安培的插座，只标示向客户和施工人员说明时所需要的信息。

电气设备图与配线图的比较

① 电气设备图

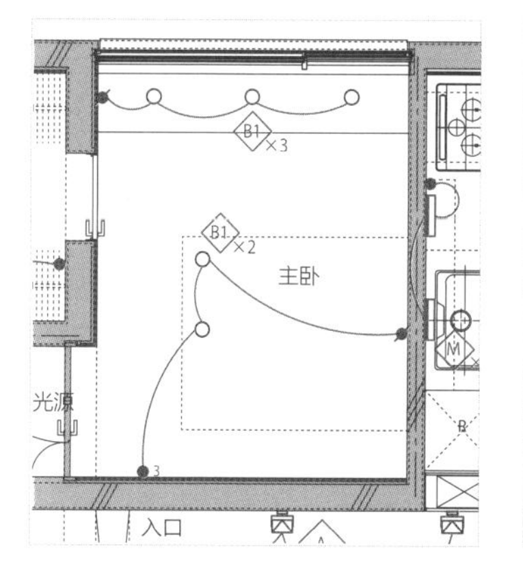

② 配线图

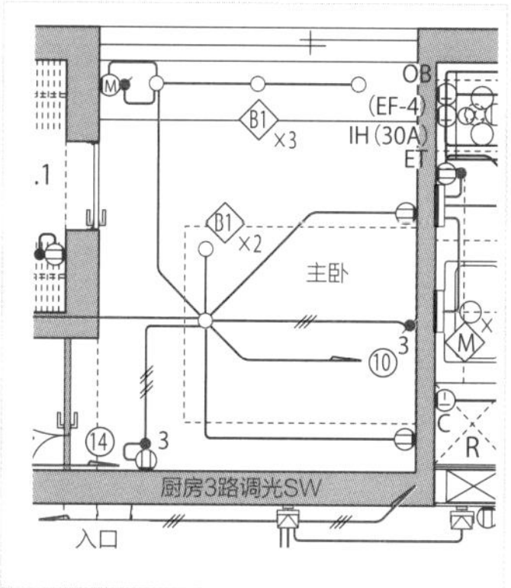

电气设备图是按照使用方法来标示的，配线图则是实际工程所执行的内容，两者目的不同，图纸的内容也相应有着非常大的差异。

电气设备图的绘制顺序

1　选择照明器具的同时思考布局

●家中成员
如果家中有高龄者，必须设定较高的照度，并给予额外的考量。

●平面图
一边用配光信息检查光线扩散的方式，一边设定灯具的位置和角度，并且对照事先确认好的家具位置来调整照明位置。

●伸展图
检查照明器具所装设的高度，对光线的扩散方式所造成的影响。确认桌上等位置是否能够得到充分的照度。

2　确定开关的位置

●动作
设想日常生活的动作，按照这个动线来确定开关的位置。

●方便性
不可以设置在门的后方，或是被客户以后搬进去的家具挡到。

●整合性
不可让开关、插座的位置太分散，要尽可能地把它们集中在一起。

●感应器，3回路开关
过度灵敏而不小心触动等，选择时要小心这些不便之处。

●没有墙壁的场合
若是因为玻璃墙等因素而无法设置开关时，必须使用独立的开关盒，或是另外装设墙壁来应对。

3　照明器具的编号

- 在照明器具外观列表之中，对每个款式赋予特定的编号。
- 将照明器具的编号标示到图纸上。

4　用线将开关与照明器具连在一起

- 由同一个开关控制的所有照明器具，会一并串联起来。

5　确定插座的位置

- **方便性**　考虑到家具的布置和使用的电器用品，来设定插座的位置与数量。
- **种类**　按照使用地点、家用电器的种类来设定200 V或附带接地等插座的规格。

6　制作照明器具外观列表

- 写上电气设备图所记载的照明器具的详细规格。
- 标示内容有装设场所、制造商名称、型号、光源种类、数量、规格等。

7　制作特别记载的项目

- **通用规格书**　对于没有标示于图纸上的部分，记载用来当作估价标准的书籍、开关或插座的装设高度等基本事项。
- **电气设备例子**　标示于图纸上的插座、开关、照明等器具的例图。
- **电气设备之机器列表**　记载客户指定的款式和型号已经确定的电气设备。

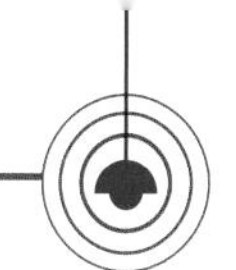

以实际案例来看电气设备图

电气设备图包含有特别记载的规格书、照明器具外观列表和电气设备图纸。
在此用实际案例来分析它们的记载内容和必须注意的地方。

特别记载的规格书

■共同规格	◎图纸和特别记载的规格书所没有记载的事项，以住宅金融支持机构所编写的《木造住宅工程规格书（最新版）》为标准。
■灯具规格、装设数量	1. 插座：神保电气NK系列 2. 开关：神保电气NK系列 3. 接地插座：神保电气NK系列 4. 室外插座：Panasonic电工Smart design系列（银白） 5. 电话插孔装设地点：客厅兼餐厅、主卧 6. 电视插孔装设地点：客厅兼餐厅、主卧、儿童房间1、2、3、客房 7. 空调用电源装设地点：客厅兼餐厅、主卧、儿童房间1、2、3、客房 8. 网络用电源装设地点：客厅兼餐厅、主卧、儿童房间1、2、3、客房、厨房
■室内对讲机设备	附带荧幕的门铃对讲机（彩色）：玄关用Plus S型（Panasonic电工）工程包含本器具的装设。 ※门铃对讲机的子机为FF型（埋入型）
■装设高度等	1. 没有特别记载的场合，装设高度全都以器具中心为标准 2. 没有特别记载的插座高度为FL+150 3. 没有特别记载的开关高度为FL+850 4. 室外防雨用插座以GL+450左右为中心 5. 没有特别记载的壁灯、吊灯、投射灯的位置和高度以现场指示为准
■其他	1. 在适当地点装设人体感应器（可切换模式），当作防盗系统的一环 2. 施工前制作配线施工图，完工后制作竣工图提出

- 书上采用设备的等级，作为图纸上没有记载的部分的估价标准。
- 记载开关和插座的装设高度等基本情况。
- 客户如果有指定特定的产品，将制造商的名称与型号一并写上。

电气设备之机器的范例表

符号	名称	符号	名称
⦶	双孔插座	⊗→	墙壁换气窗
⦶3	3孔插座	⊠→	天花板换气窗
⦶E	接地插座	→⊣	进气孔
⦶WP	防雨型插座	▷→	室外换气罩
⦶	地板用插座		
●	开关	○	天花板灯
●3	3回路开关	▭○▭	直管型日光灯（20W）X1条
●4	4回路开关	▭○▭	直管型日光灯（40W）X1条
●感	感应器开关	⊘	吊灯
ⓢ	感应器	◎	筒灯
◒	电话用插孔	Ⓑ	壁灯
⊖	电视用插孔	Ⓢ	投射灯
Ⓜ	多媒体用插孔	◘	落地灯
ⓣ	室内对讲机（子机）	R	遥控器（厨房、浴室）
Ⓣ	室内对讲机（母机）	◢	配电盘

- 电气设备图所记载的机器范例表。
- 没有必要记载配线图，也没有必要用安培来将插座进行分类。

电气设备之机械列表

编号	种类	型号	制造商
F-1	换气扇（厕所1、厕所2）附带FD	V-08PED5（送风量：75m³/h）	三菱电机
F-2	换气扇（浴室）附带FD	DVD-18SS2	东芝
F-3	换气扇（厨房）附带FD	MCH-90SKN	H&H Japan
SP-1	进气孔（150Φ）附带FD	KRP-BWCFH	Unix
SP-2	进气孔（100Φ）附带FD	KRP-BWCFH	Unix
ECO-1	EcoCute	EQ46LFV	大金
S	住宅用火灾报警器	烟雾感应器SH38453	Panasonic

- 记载照明器具等，客户指定的产品种类或型号已经确定的电器设备。
- 电气设备图会用符号来标示，因此要制作范例表。

照明器具的外观列表（以日本为例）

标号 A　定价 19 950 日元	标号 B　定价 27 300 日元	标号 C　定价 326 日元	标号 C '　定价	标号 D　定价 8925 日元
制造商：IDEE*1 KULU LAMP　型号：IFFL-0210	制造商：Panasonic 电工　型号：LGW86280	制造商：东芝 Light Tec　型号：GW100V40W80	制造商：Mitsuba 电陶制作所股份有限公司　型号：IFFL-0210	制造商：Odelic　型号：OG 044 065
规格：100W（E26 灯座）、天花板钩	规格：40 型迷你氪灯泡 1 颗（E17）	规格：一般照明灯泡、白色球型 60W、40W	规格：瓷器	规格：反射型迷你氪灯泡 50W（E17）No.6C
备注颜色：白、天花板罩、塑料（白）	备注：防雨型	备注：使用 D 型插头	备注：附带 E26 灯座、灯泡与 C 相同	备注：铝压铸（白色涂料）、遮罩：强化玻璃 防雨型、墙壁与天花板兼用
房间：客厅、餐厅	房间：玄关口	房间厕所：1、厕所 2、后门、露天、儿童房 3、洗手台、主卧	房间厕所：1、2、后门、露天、儿童房 3、洗手台、主卧	房间：室外（多功能水槽上方）
数量：1	数量：1	数量：11	数量：11	数量：1
标号：E　定价：5355 日元	标号：F　定价：7770 日元	标号：G　定价：8190 日元	标号：H　定价：13 125 日元	标号：I　定价：5800 日元
制造商：Odelic　型号：OD 062 555	制造商：Odelic　型号：OD 062 192	制造商：Odelic　型号：OD 250 052	制造商：Panasonic 电工　型号：LW86357	制造商：YAMAGIWA　型号：D-982W
规格：迷你氪灯泡 60W（110V 用）（E17）No.56	规格：迷你氪灯泡 60W（110V 用）（E17）No.56、人体感应器、可切换模式（OA075 181）	规格：LED1.2W	规格：60 型迷你氪灯泡单颗（E17）	规格：E17 迷你氪灯泡白色 25W
备注：钢（Off-White 涂料、与挡板一起）	备注：钢（黑色涂料、与挡板一起）\ 防雨型、灯罩：强化玻璃	备注：电源装置 OA253031、OA256036 另售连接线 OA253036 另售	备注：H160、W160、突出 144	备注：钢材涂装、埋入型（墙壁专用）
房间：玄关、玄关收纳、洗脸台、客房、厨房、客厅、餐厅、更衣室	房间：室外地板	房间：厨房（吊挂式橱柜下方）	房间：浴室	房间：楼梯、走廊 3
数量：15	数量：2	数量：2	数量：1	数量：4

资料提供 / 连合设计社市谷建筑事务所

- 具体写上电气设备图之中所记载的照明器具的规格。
- 记载内容有装设场所、制造商名称、型号、光源种类、数量和规格等。

专栏

各个设计事务所的标准规格

每次从厚厚的照明产品目录之中选出想要使用的灯具，是非常耗费时间的做法。一般的设计事务所会将实际使用且评价良好的照明产品制作成表，方便客户从中选择使用。在此举出一些选择的标准。

■ 造型清爽，容易与空间搭配；■ 使用的光源容易买到；■ 折价率高。
此外，考虑到节能的需求，还可以追加以下条件：
■ 尽量不使用白炽灯泡，以日光灯为主，如果预算允许的话，则使用 LED 灯；
■ 可以确保隔热性的款式（筒灯的 SGI 型或 SG 型等）。

那么，要如何判断是否该使用大众化标准规格的灯具呢？第一种类型，是在客厅、餐厅以及访客较多的客厅使用昂贵的照明器具，其他各个房间使用标准规格的灯具。另一种则是全都使用标准规格的灯具，然后在客厅、餐厅或客厅使用建筑化照明来营造大气、高档的氛围，后者渐渐出现普遍化的倾向。

电气设备图纸

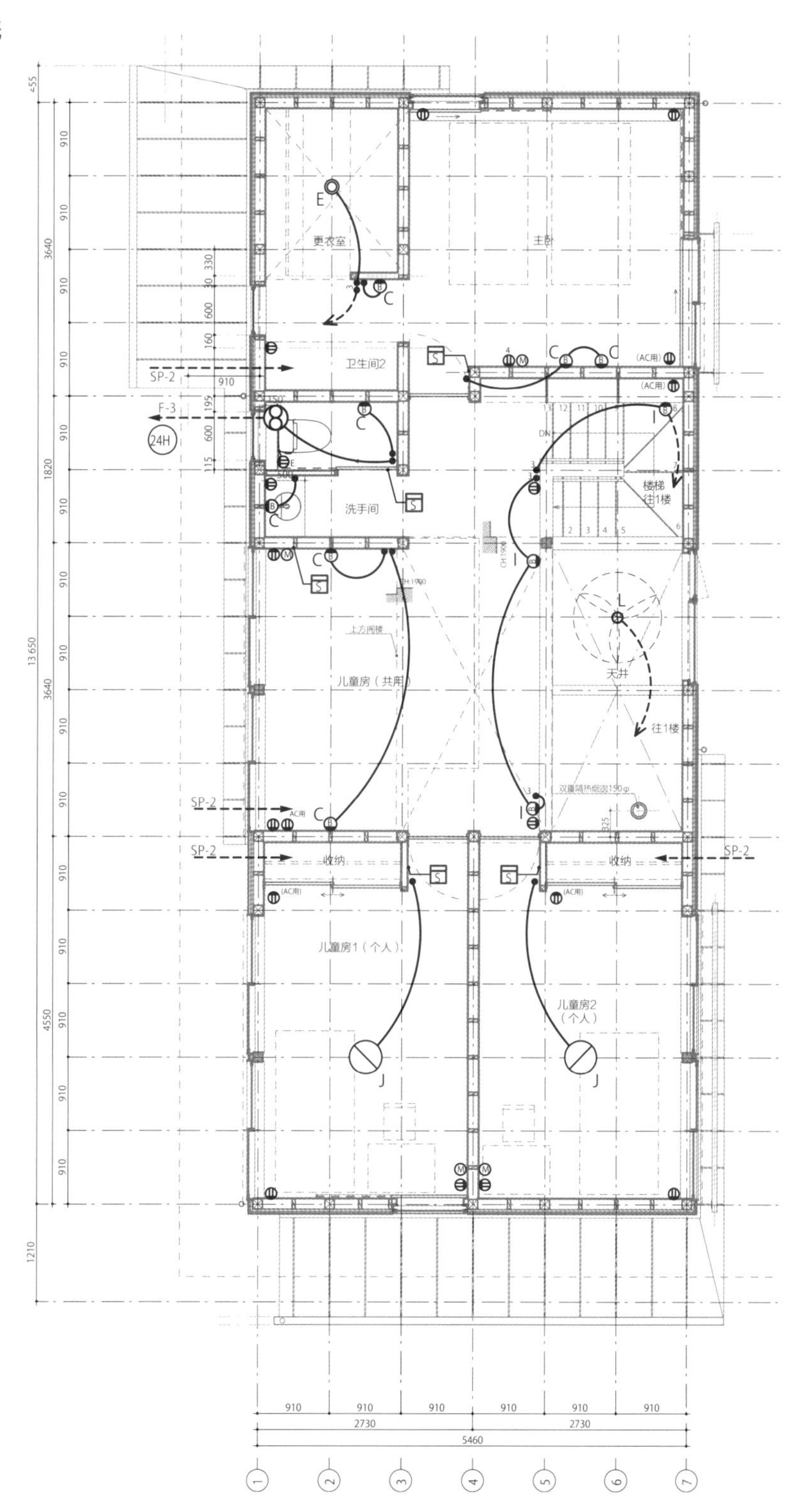

资料提供／连合设计社市谷建筑事务所

计划时考虑各个房间的注意事项

1 玄关	• 装设不曾用过的壁灯的场合，要注意灯具大小与位置高度的均衡性。
2 厨房	• 在设计房间整体、操作台、靠墙壁的料理台的照明时，必须确认各个灯具所照射的范围。 • 在吊挂式橱柜下方装设照明时，可以用小型投射灯或显示用LED的筒灯来确保充分的照度。 • 插座必须拥有可以让电饭锅等厨房电器同时使用的功率。
3 浴室	• 地板容易使人滑倒，必须选择不用垫上台座也能交换光源的照明器具和装设位置。 • 必须选择防潮型的灯具。 • 客户对于光线有明亮、暗淡等喜好时，要事先进行确认。 • 厂商展示间的照明器具照度虽然都相当高，但并不一定都适合在住宅内使用。
4 与水接近的地点	• 除了60 W的整体照明之外，一般还会在镜子（洗脸台）前方加装局部照明，但在以下场合则需要更进一步的照度： A）有面积较大的窗户存在； B）由高龄者使用； C）装修的颜色较暗。 • 插座必须要有接地线。 • 吹风机和电动牙刷等小型电器用品越来越多，电源的插座最好要有4个以上。
5 卧室、儿童房	• 装在收纳柜等家具前方的筒灯，要检查是否可以照到收纳柜内部。同时也要注意装设的位置，查看收纳柜的门打开时是否会和灯具重叠，以免引起火灾。 • 将照明器具装到家具当中的场合，也必须将装设高度记载到图纸上。 • 区隔儿童房的墙壁，可能没有厚到足以装设开关或插座的盒子，建议用85 mm以上的厚度来当作标准。 • 事先决定好桌子和床的位置，以此来规划插座要装在哪里。 • 避免在床头设置筒灯，以免让人躺在床上的时候感到刺眼。

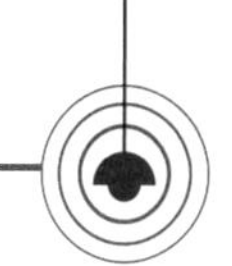

4 详细估价

详细估价单的检验程序

拿到详细估价单的以后，如何检查电气设备，在此通过实际案例来进行介绍。

估 价 内 容 表

第25页

案例名称 ▒▒▒▒▒▒ 邸新建工程
A13电气设备工程

编号	名称	类别	形状	数量	单位	单价	金额	适用	
1	照明器具设备		IDEE KULU LAMP IFFL-0210						
	照明器具A		Panasonic 电工 LGW86280	1	盏	16 150	16 150	19 000	名称
	照明器具B		Mitsuba 电陶 Mugul Socket	1	盏	13 800	13 800	26 000	名称
	照明器具C		东芝 LITEC GW100V 40W 80	11	盏	350	3850	公开价格	名称
	照明器具C		Odelic OG 044 065	11	盏	200	2200	260	名称
	照明器具D		Odelic OG 062 555	1	盏	4100	4100	8500	名称
	照明器具E		Odelic OG 026 191	15	盏	2450	36 750	5100	名称
	照明器具F		Odelic OG250 052	2	盏	3600	7200	7400	名称
	照明器具G		Panasonic 电工 LW86357	2	盏	3750	7500	7800	名称
	照明器具H		YAMAGIWA D-982W	1	盏	6000	6000	125 00	名称
	照明器具I		IDEE Orb IPFL-0540	4	盏	4650	18 600	5800	名称
	照明器具J		Panasonic 电工 HNL84135	2	盏	27 200	54 400	32 000	名称
	照明器具K			1	盏	4350	4350	9000	名称
	照明器具运费 IDEE			1	套		4000		
	照明器具装设费用			1	套		50 000		
								合计	228 900
2	电器牵线工程		22SQ 30m						
	外电 电器牵线工程		MS-12RB	1	套		171 000		
	外电 电表箱			1	面	41 800	41 800		
	外电 接地工程			1	套		5000		

检查的程序

- 跟方案设计师绘制的电气设备图上所记载的内容进行对照，检查照明器具的型号和数量是否正确，以及估价有没有漏掉的部分。
- 在估价单的大项目之中，计算电气设备的工程费用占整体工程费用的几成。如果百分比太高的话（※注1），则考虑是否可以降低费用。从壁灯等照明器具之中，选出各个房间的主要照明。

※注1：日本首都圈内标准的传统工法所建造的两层住宅的场合，会设定在6% ~ 7%。

估 价 内 容 表

第27页

案例名称 ▒▒▒▒▒▒ 邸新建工程
A13电气设备工程

编号	名称	类别	形状	数量	单位	单价	金额		
								合计	193 350
4	电灯设备装置								
	电灯工程			41	处	2450	100 450		
	开关 感应器		Panasonic电工WTK37314S	1	处	12 100	12 100		
	开关 单电路		NPK Plate	22	处	2750	60 500		
	开关 遥控（外灯）		NPK Plate	4	处	3850	15 400		
	开关 3回路		NPK Plate	8	处	3850	30 800		
	开关 感应器		Panasonic电工HNL84135	1	处	5300	5300		
	开关 双开孔		NPK Plate	24	处	2750	66 000		
	开关 四开孔		NPK Plate	4	处	3550	14 200		
	开关 附带E		NPK Plate	1	处	3850	3850		
	开关 附带E专用		NPK Plate	5	处	4400	22 000		
	开关 空调		NPK Plate	5	处	6850	34 250		
	开关 空调220v		NPK Plate	2	处	6950	13 900		
	开关 防水			2	处	3750	7500		
	开关 遥控器			2	处	3300	6600		
	IH电源			1	处	6600	6600		
	烘干机电源工程			1	处	4000	4000		
	EcoCute电源工程			1	处	27 500	27 500		
								合计	430 950

资料提供/连和设计社市谷建筑事务所

如何降低费用

① 从不改变内容来降低费用的方式着手：
- 请工程的承包商将估价单内的商品变更为其他制造商的同样等级，但价钱较便宜的商品。

② 数量、系列性产品的调整：
- 将照明器具的款式变更为较便宜的类型。
- 将插座等系列性的产品变更为较便宜的类型。
- 不使用调光器和3路开关。

③ 变更电力配线的方式：
- 将通过电线杆，从地下将电线牵到建筑内部的配线方式去除，改成从建筑物外墙直接拉到内部的方式。
- 将电表箱的位置移动到看不到的位置，并更换成便宜的商品。

④ 委托承包商按照预算书调整工程费用。

5 基础工程动工、施工中

到现场监督时需要的检查部位

工程动工、可以进入现场之后，必须对各个部位进行检查。除了需要确认电气设备图所记载的内容之外，还可以参考第44页的检查表来进行检查。

通过照片来看检查部位

贯穿木造骨架的时候，必须在管线加上保护用的材料。

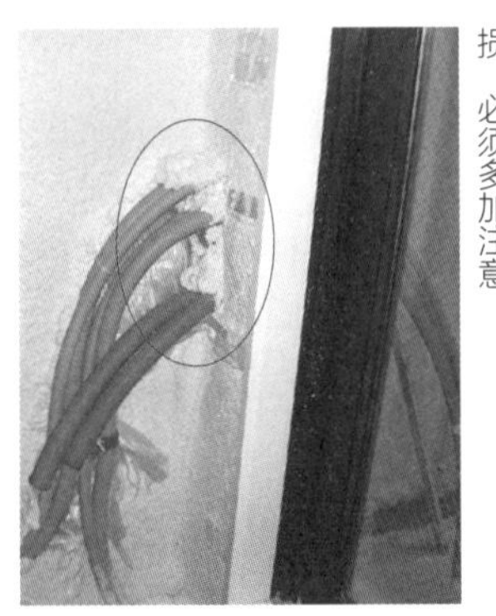

管线贯穿墙壁的部分容易让隔热材料破损，必须多加注意。

埋到钢筋混凝土内部的CD管，如果集中在一起的话，会产生孔穴（※注1），必须在某种程度上加以分散。

※注1：浇筑混凝土的时候无法流入的狭窄部位，有许多钢筋和粗骨料聚集在一起，是混凝土结构的不安全部位。

门窗开关的时候，如果与筒灯重叠，有可能因为光源的热度而烧焦，进而引发火灾，要特别注意。

门窗开关的时候，注意不可以撞到火灾报警器。

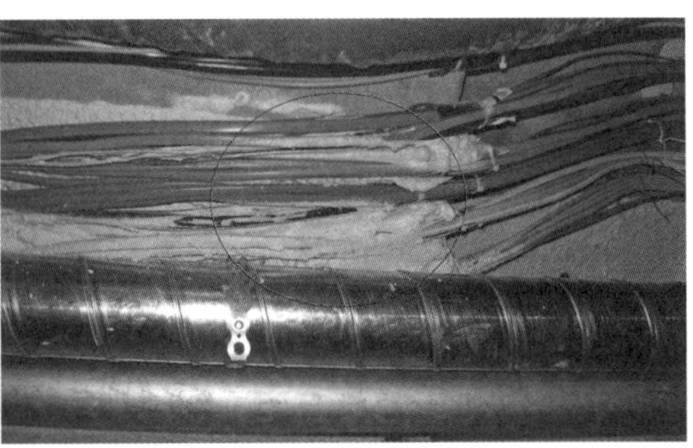

如果没有对缆线周围进行防护，会让隔热材的聚氨酯附着上去，严重时可能得重新施工。

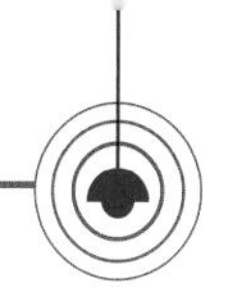

必要的照度会随着活动内容变化

以住宅为首，日本工业标准（JIS Z9110）规定有办公室、工厂、医院等设施，以及各个场所作业所需要的照度。在设计每个房间的照明时，要注意核实是否达到了这个标准。另外，高龄者的生活空间必须要有高于一般的照度，这个部分的详细内容可以参阅第88页。

日本工业标准（JIS Z9110）住宅照度基准

照度（lx）	1	2	5	10	20	30	50	75	100	150	200	300	500	750	1000	1500	2000
客厅								整体				团聚 娱乐		阅读 化妆 电话		手艺 裁缝	
书房 儿童房								整体（儿童房）	整体（书房）			游戏			阅读 进修		
和室 接待室								整体				和室 桌座间					
客厅 厨房								整体					餐桌 料理台 操作台				
卧室	深夜				整体									阅读 化妆			
浴室 衣帽间									整体			洗衣服	刮胡子 化妆 洗脸				
厕所	深夜							整体									
走廊 楼梯								整体									
置物间 储藏室						整体											
玄关（外部）									整体			脱鞋子 装饰柜		镜子			
入口 （室外）	安全		过道					门牌 信箱 门铃									
车库								整体					打扫 维修				
庭院	安全		过道					阳台 整体	聚会 用餐								

电气设备监理检查表

确认点		内容
浇筑混凝土（钢筋混凝土结构）	配线	□是否有遵循构造设计的标准。 □连接到配线盒的管线之间是否有相距40 mm以上的间隔。原则上讲，每条钢筋之间的缝隙只能配一条管线。管线之间相隔的距离为管线直径的5倍或100 mm以上，另外还有各个部位的强化标准。 □配线集中的部位，是否得到结构设计师的同意。另外，是否距离梁500 mm以上。 □屋顶和外墙为了防止出现裂痕，不会埋入CD管。必须埋管的场合，必须先得到结构设计师的同意。要让管线弯曲、得将钢筋切断的情形下，要事先与承包商讨论，确认施工方法不会造成结构设计上的问题。
外墙电箱		□装设的时候是否有在壁面与电箱之间插上隔热材料（隔热材料穿透的部位）。
缆线		□贯穿木制轴组的缆线是否有保护措施。 □电线、缆线是否有氨基甲酸酯的隔热材料附着，如果附着得太过严重，必须更换缆线。
计量器盒		□是否有进行消防上的对策（防爆处理）。 □集合住宅的场合，计量器是否有标上住户号码。
必须接地的部分	特定电器	□洗衣机、洗衣兼烘干机、微波炉、冰箱、洗碗机、空调、温水清洗马桶、电热水器等。
	其他	□烤箱、电热水瓶、显示灯光源、操作台、光源、玄关外光源、40 W以上的日光灯（40 W以下的快速启动式日光灯）、外部照明、外部插座等（电气配线按照《日本建筑标准法》制定）。
插座、开关		□插座与开关的装设位置是否正确（注意是否会受柱子的影响）。 □有可能因为连线错误而使开关与计划中灯具亮起的方式不同，必须在完工之前确认照明与开关是否全都正确。 □器具是否装设的正确，有没有损害到美观。
外部插座		□是否装设在挡板下方。 □若是集合住宅的共用插座（最好有接地），是否可以上锁。
壁灯的灯罩、室内对讲机盒		□装设位置、高度、排列是否正确。钢筋混凝土的场合，在浇筑混凝土时要确认每个装设盒的位置。 □壁灯的灯罩是否会影响到计量器盒的盖子开关。
配电盒		□电路是否有正确的显示。
感应器		□门和窗户等是否会互相影响。
监视摄像机		□是否装在无法轻易用手触摸到的位置。

确认点	内容
照明器具	□是否会干涉到门、窗户、配电盘的开关。 □装设时与墙壁和天花板的间隔日光灯管为100 mm。 □与地板和建材的距离日光灯管为100 mm。 □是否有跟天花板的人体感应器相距400 mm以上，设计的位置如果出现问题，要先试着变更人体感应器的位置。 □白炽灯泡附近是否存在会感受到光源热度影响的物体。 □地面是否会因为照明器具而形成倒影。
间接照明	□灯泡或灯管是否会被直接看到，更换起来是否有问题。 □是否可以形成均匀的照明。 □灯具是否确实固定，有没有掉落的危险。 □开灯时装修的表面是否会形成反射。 □电线的出口是否有脏东西。 □电线是否过短，中途是否能够连系下去。 □间接照明是否确实照在预定的位置上。 □是否有充分的间隔来避免照明器具的热度所造成的影响（与天花板间隔150 mm以上、从墙壁突出300 mm、维修用的空间是否充足）。
外部照明	□触手可及的范围之内，是否存在有可能会造成烫伤的灯具（有的话要明确标示）。 □是否有用水泥沙浆将灯具固定下来以避免预料之外的晃动。 □是否有选择不显眼的部位来标示灯具的注意事项。

照明设计师所进行的照明设计

照明设计之中特别重要的是在设计计划的阶段，需要一起参与来思考照明。即便是有别于方案设计的照明设计师，这一点也一样的重要。在此介绍一下照明设计师进行住宅照明设计时的设计流程。

照明设计的要点

在建筑设计的过程中，照明大多属于事后的计划，配合已经决定好的空间来进行设计。但照明除了承担一般的功能性之外，还拥有可以让人生活舒适、心情愉快等设计方面的额外性功能，因此必须要和空间设计一起来思考。在此按照顺序来介绍照明设计时必须与建筑设计一起思考的重点，以及要客户确认的事项。

照明设计的流程

1 掌握设计内容

通过开会和现场的确认，来确定照明设计的方向，以及照明设计业务的范围和设计工程。另外，还需要了解客户家庭成员等信息。

▶活动展示空间

- 分享客户对于亮度的观感。
- 用实物来确认灯具的尺寸与质感、灯罩与遮板等设备。
- 对于拥有可动部位的灯具进行实际操作。
- 确认各种灯泡颜色上的不同，选出各个房间的主要照明。

2 基本构想

制作基本构想图和意象图，与客户、建筑设计师共享同样的景象。同时在此确认客户偏好哪一种亮度。

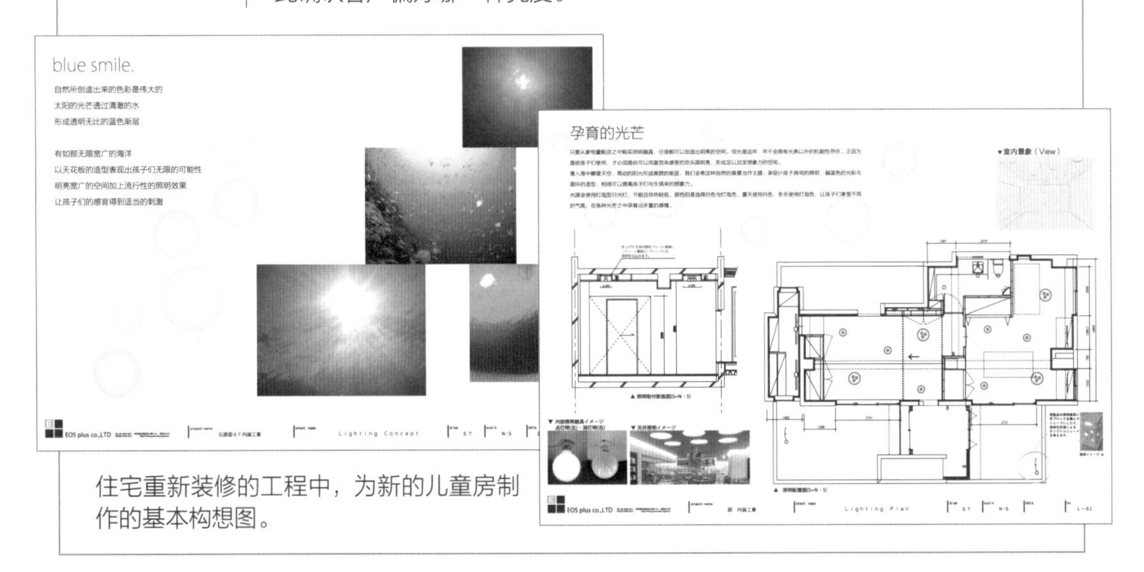

住宅重新装修的工程中，为新的儿童房制作的基本构想图。

3

基本设计、灯光配置图

确定适合各个楼层、空间的照明方法，以及控制方法、色光等，与方案设计一起调整细节与整体状况。依照需要来进行照明的模拟和实验，有时还会制作木模型为客户进行介绍。

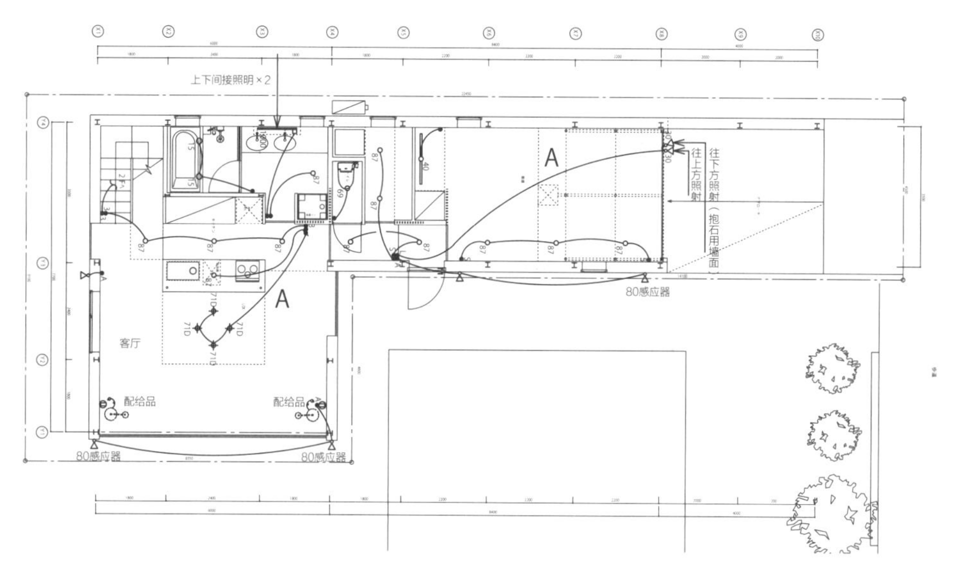

照明器具的外观图

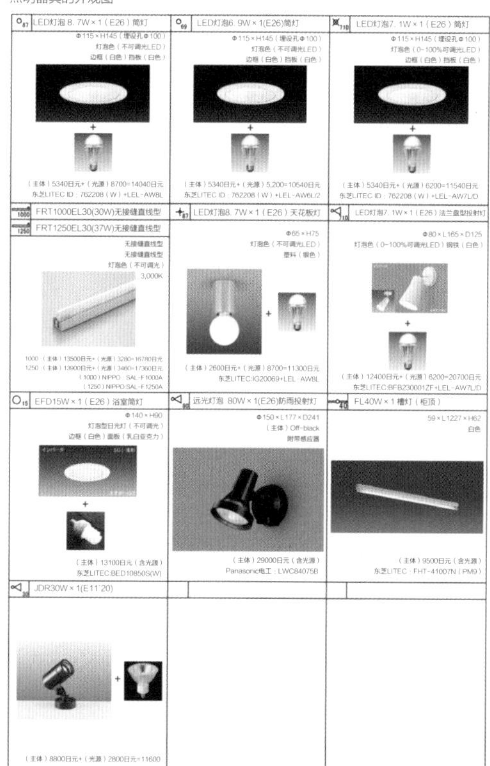

建筑设计/国际ROYAL建筑设计一级建筑事务所

例

记号	名称	备注
●	开关（1P15A×1）附设位置显示灯	
●L	开关（1P15A×1）附设确认显示灯	
●3	3回路开关（3W15A×1）	
●S	感应器开关（3路型）	使用TOSHIBA制造人体感应器开关
●A	感应器灯具持续点灯、消灯用开关	
✓	调光用开关	使用TOSHIBA制造双线型相位控制调光器

照明的灯光配置图与照明器具表。记载开关的种类与位置，并用曲线（如上图纸中的A）将开关与控制的灯具连在一起的概况图。一般可以拿着这个图纸让承包商进行估价。

4

深化设计

按照基本计划来进行深化设计。最后将确定照明的灯光配置、灯具种类、开关方式、开关系统、用电负荷的计算等详细内容，以此来制作深化的设计图和配电盘连线图。

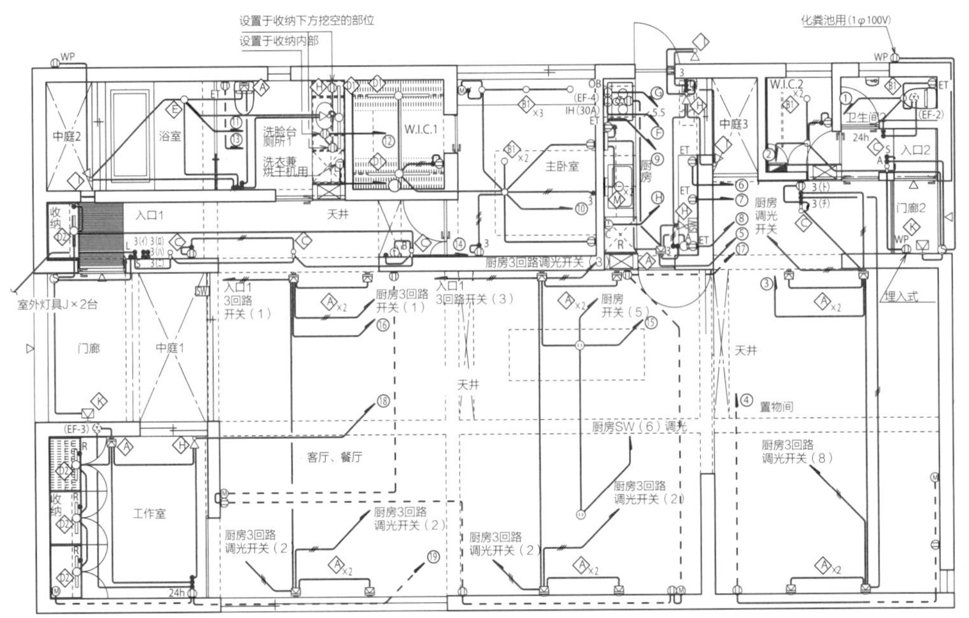

建筑设计／高侨坚建筑事务所

在住宅图纸中，一般会连同照明（电灯）和插座的图纸一起绘制。配电盒的电路编号和哪个照明器具相连等，将这些信息与开关系统一起写上，交给现场的负责人。

5

灯光指向性调整

灯光指向性调整是指调整照射角度的作业。在完工之前一般需要确认现场的照明效果，对需要微调的部位进行灯光指向性调整作业，调整之后方可交房。

第3章

照明器具的安装与注意点

设计上的技巧与注意点

进行照明设计时非常重要的一点，是理解光源与房间大小、装修材料之间的关系。另外，照明器具若没有按照正确的方法装设，有可能会导致各种意外事故的发生。在此提出相关的技巧和注意事项。

房间与筒灯数量上的关系

先在天花板上开洞，然后再埋设进去的筒灯，是一般住宅常常使用的照明器具之一。孔径大小若是不同，房间给人的印象也会改变。较大的孔径可以增加灯具的存在感，即便孔径较小，如果数量多的话还是会形成满天星星一般的天花板。一般高度为 2400 mm 的天花板，建议使用直径 100 ～ 150 mm 的开孔。但即便孔的大小相同，也会因为光源的不同让光的呈现方式发生变化，因此在照明设计时必须平衡灯具数量、必要的亮度、孔径大小这三者之间的关系来进行装设。

使用筒灯的整体照明的特征与注意点

KOIZUMI照明

- 虽然可以让天花板给人以清爽的感觉，但如果加上边框或反射板，灯具的存在感会增强。
- 同样的孔径因配光、灯光数量不同，也会因为光源让空间的呈现方式产生变化。
- 根据房间大小来选择开孔的尺寸。通常6个榻榻米大小（约$10m^2$）的房间，开孔直径约为100 ～ 125 mm。
- 是否隔热和隔热的种类都会影响到可以装设的灯具类型，必须多加注意（详细情况请参阅第21页）。
- 确认灯具的边框和反射板的颜色、材质，与天花板完成之后的色泽是否搭配得当。
- 通风口等其他设备的通道和梁柱等，在其他器具的影响下灯具可能无法顺利装上，必须多加注意。

掌握筒灯灯光配置的基本原则

墙壁为白色的场合

800 1400 800

800 1400 800

墙壁为暗色或玻璃的场合

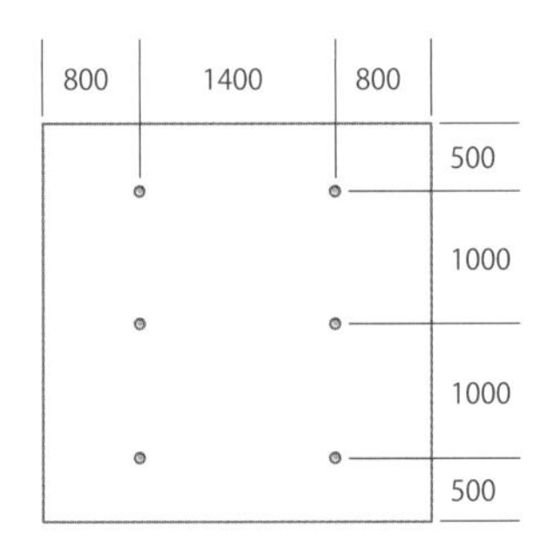

使用15 W灯泡型日光灯来当作筒灯的场合

- 墙壁为白色的场合反光率较高，即便房间大小相同，所需的灯具数量也比暗色的要少。
- 墙壁颜色较暗或是使用玻璃的场合反光率较低，即便房间大小相同，所需的灯具数量也比白色的要多。

※ 图中尺寸单位为毫米（mm），以下同。

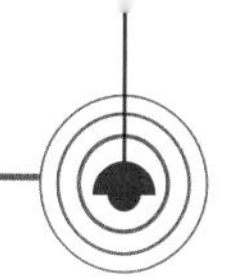

宽光束、窄光束所形成的对比变化

11°
窄光束

20°
中等光束

30°
宽光束

大光电机

灯光照射的角度越是宽广，光线就越容易扩散到整个房间，让影子变淡的同时，地面的照度也会随之变低。反之，如果照射角度较为狭窄，则只会照亮室内的特定部位，让其他部分的影子也跟着变换。

整体照明的筒灯照度分布会随着光源而变化

光源	照度分布（单位：lx）	呈现方式	
12 W灯泡型日光灯 （相当于60W白炽灯泡） 	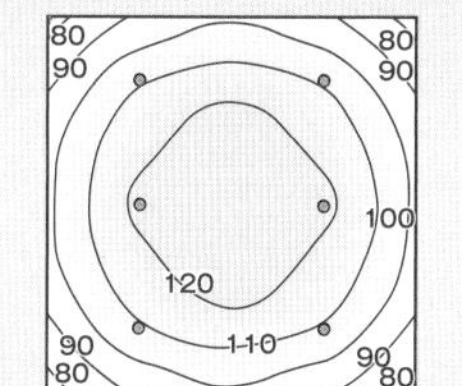 810 lm×6盏 地面平均照度：109 lx	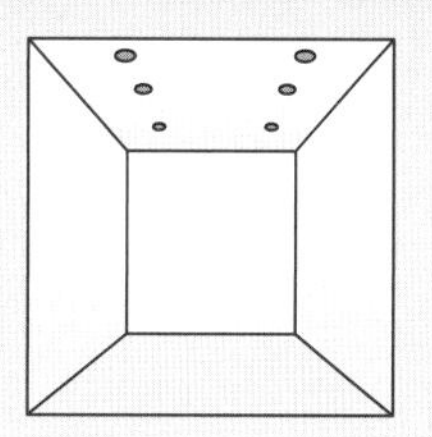	●分散在天花板上，可以让空间得到均等的照度。 ●既可以使天花板上保持清爽，又可以得到较完美的整体照明效果。
60 W反射灯泡 	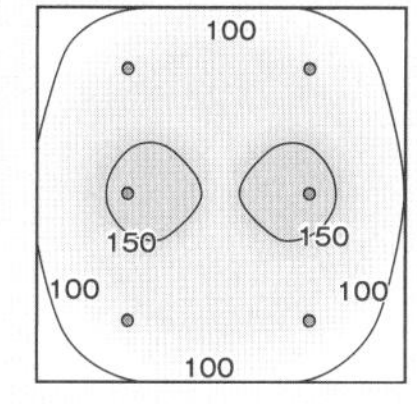 630 lm×6盏 地面平均照度：126 lx		●使用光线不会漏到灯具背面的反射灯泡，让光不容易扩散到天花板的表面。 ●和灯泡型日光灯相比，光芒扩散的程度较小。
40 W卤素杯灯 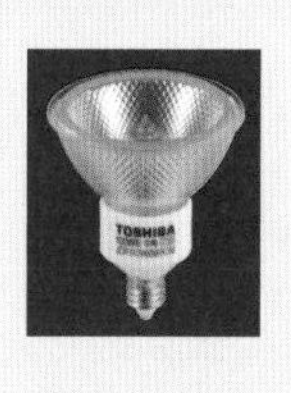	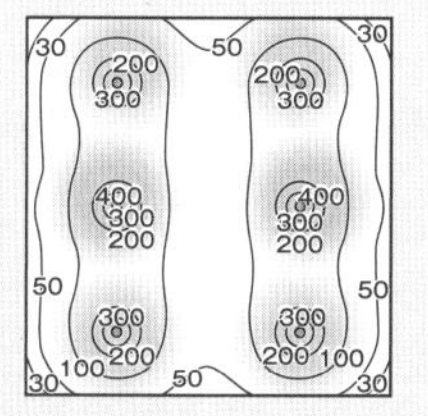 500 lm×6盏 地面平均照度：108 lx	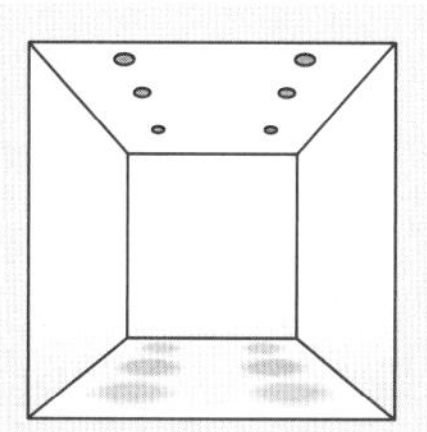	●墙壁和天花板会形成鲜明的对比，创造出明暗分明的空间。 ●可以用在餐桌等特定位置的上方。

※照度分布图会强调光源配光上的差异。

东芝LITEC

整体照明的筒灯配置与空间的呈现方式 · 应用篇

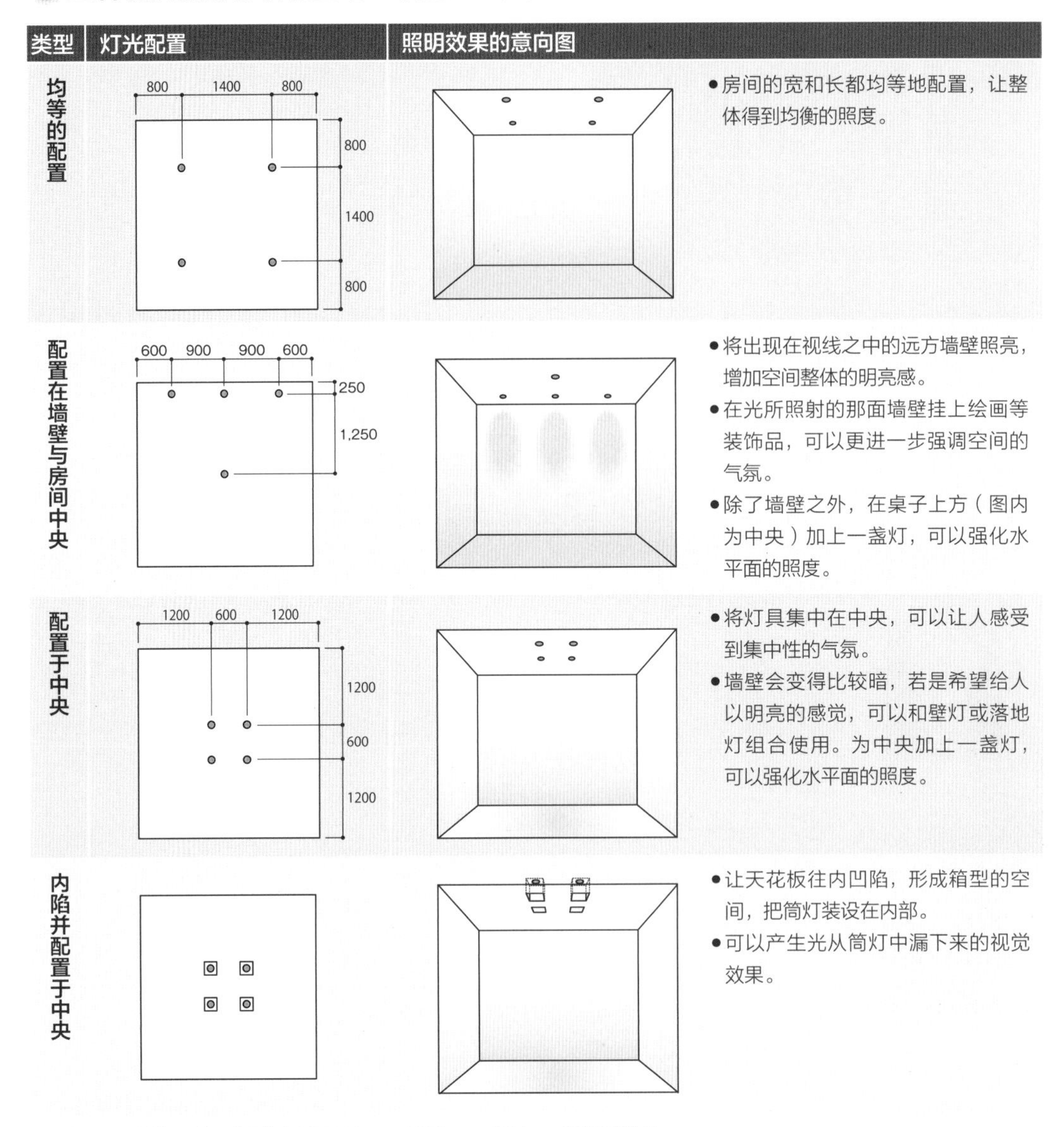

类型	灯光配置	照明效果的意向图	
均等的配置			●房间的宽和长都均等地配置，让整体得到均衡的照度。
配置在墙壁与房间中央			●将出现在视线之中的远方墙壁照亮，增加空间整体的明亮感。 ●在光所照射的那面墙壁挂上绘画等装饰品，可以更进一步强调空间的气氛。 ●除了墙壁之外，在桌子上方（图内为中央）加上一盏灯，可以强化水平面的照度。
配置于中央			●将灯具集中在中央，可以让人感受到集中性的气氛。 ●墙壁会变得比较暗，若是希望给人以明亮的感觉，可以和壁灯或落地灯组合使用。为中央加上一盏灯，可以强化水平面的照度。
内陷并配置于中央			●让天花板往内凹陷，形成箱型的空间，把筒灯装设在内部。 ●可以产生光从筒灯中漏下来的视觉效果。

※灯光配置图的数据，是假设房间的大小为3000 mm×3000 mm×2400 mm时的参考数据。
※照明效果的意象图以强调灯光配置的差异为主要目的，光源不同，呈现方式也会产生变化。

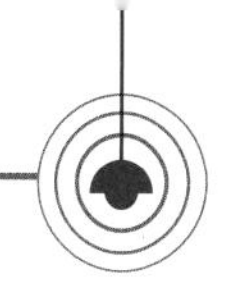

用建筑化照明创造出宽敞感的空间

建筑化照明会将灯具装在天花板或墙壁等无法直接看到的位置，是间接使用照明的一种方式。这种照明方式会利用反光，因此，墙壁和天花板完工之后的状况将大幅影响照明的效果。只有了解照明器具的位置和反光面的关系，才能营造出宽广空间的气氛，给人比较高级的感觉。另外，建筑化照明实际让人感觉到的照度，大多比计划之中的还要高，因此也会成为节能的手段之一。

外灯槽照明的特征与注意点

将照明器具装在天花板和墙壁转角的位置，将墙壁照亮。

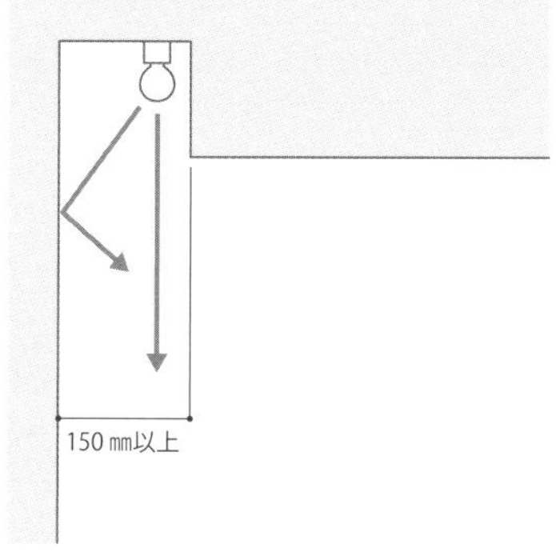

- 照亮墙壁，使得空间给人宽广的感觉。
- 与灰泥墙、熟石膏墙组合使用，可以产生更好的效果。
- 墙壁上如果有较大的凹凸，会形成影子，必须多加注意。
- 与经过毛面处理且色泽明亮的墙壁比较容易搭配。
- 墙壁若是有光泽存在，有可能因为反射让照明器具形成反射，搭配起来并不合适。
- 收纳灯具的空间，必须考虑到更换光源等维修作业，最少要有150 mm的宽度。
- 某些场所可能会看到照明器具，要确认动线之后，再来决定是否采用。

装设位置

① 隐藏照明器具

- 可以将照明器具完全隐藏起来，得到美观的外表。
- 天花板的部分需要较大的空间，施工难度较高。
- 只有反射光会照到地板，照明效率较差。

350 ㎜以上
250 ㎜以上
A
B
200 ㎜以上
A：正确的遮挡高度
B：遮挡的高度若是太低，会让光线照到墙壁上

② 让照明器具朝下

- 光可以直接照到地板，感觉较为明亮。
- 从下往上看，可以直接看到照明器具。
- 维修作业比较容易。

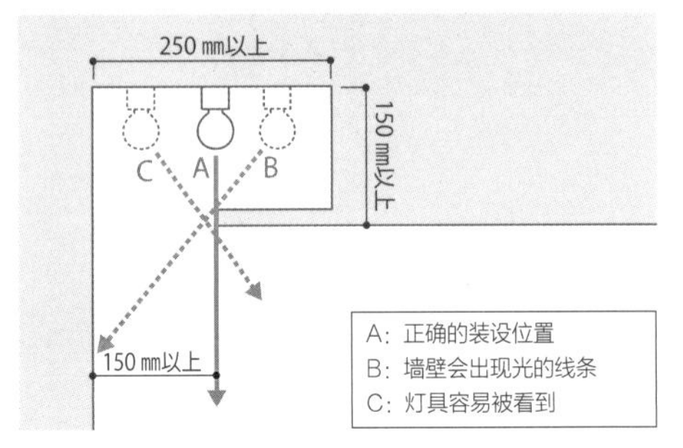

③ 横向装设照明器具

- 与朝下的装设方式相比，照明器具比较不容易被看到。
- 光的伸展性较佳。
- 维修作业比较容易。

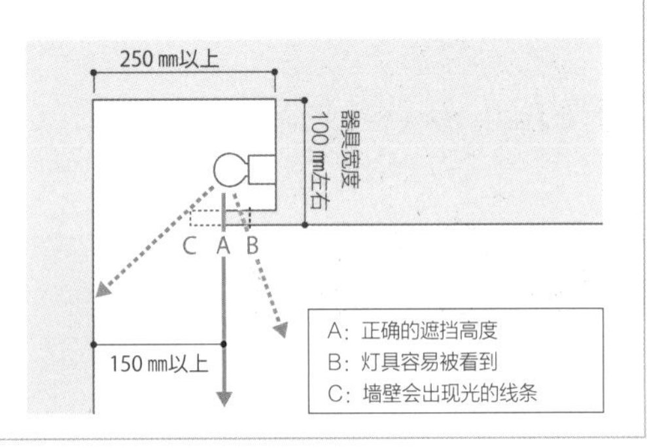

灯槽照明的特征与注意点

在墙壁或天花板上加装照明器具专用的空间，将天花板照亮。

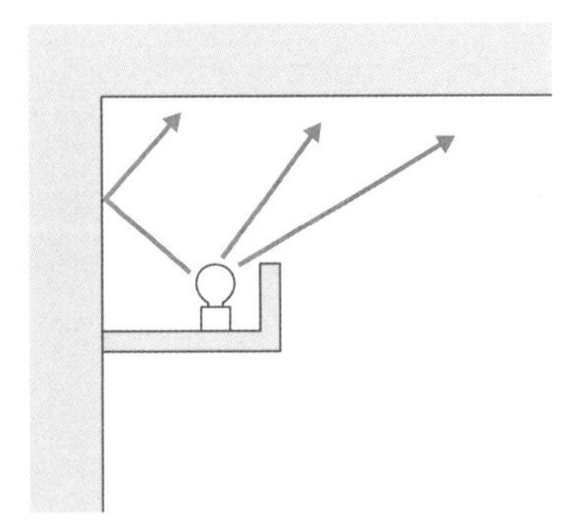

- 将天花板照亮，可以降低天花板较低的空间所形成的压迫感。
- 可以形成宛如天窗一般的展示效果。
- 照明器具的装设位置与照射面若是太过接近，则只有跟光源接近的部分会被照亮，无法形成美丽的渐变。
- 与经过毛面处理且色泽明亮的天花板比较容易搭配。
- 如果天花板有光泽，有可能因为反射让照明器具形成反射，搭配起来并不合适。
- 遮光板的高度必须与灯具的高度相同，或是高出灯具5 mm左右。

装设位置

① 墙壁

- 比较容易让光扩散出去。
- 与天花板的距离最少要保持300 mm以上。
- 如果在墙壁前方装设固定式的家具，可能会造成维修上的困难。
- 要确认是否会照到天花板上的设备，如空调和感应器等。

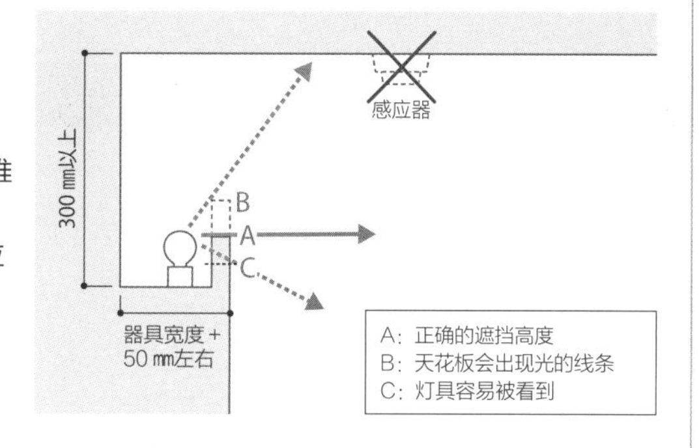

② 天花板

- 注意：不可以让光源被看到。
- 注意：不可以因为反光让光源被看到。
- 与天花板的距离若是无法达到300 mm以上，则不可以勉强装设。
- 要确认是否会照到天花板上的设备，如空调和感应器等。

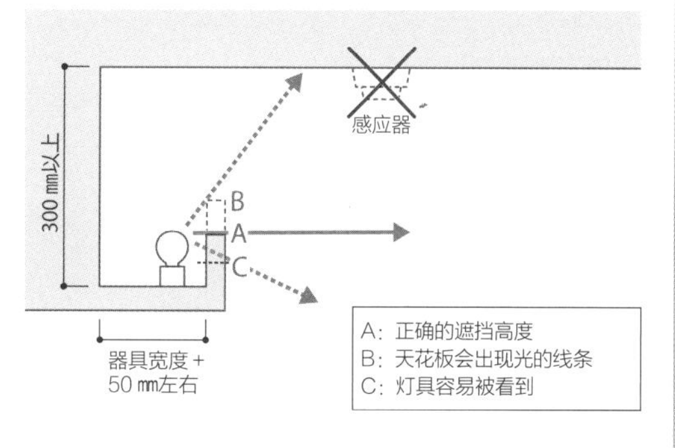

③ 倾斜的天花板

- 原则上会将照明器具装在高度较低的一方。

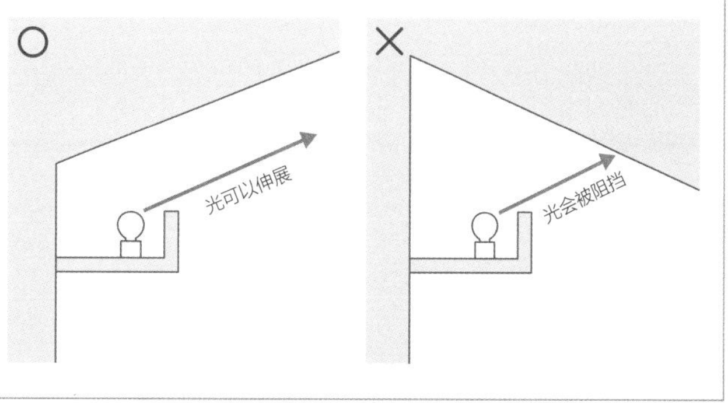

上下均等照明的特征和注意点

用遮光板来隐藏照明器具，主要将墙壁照亮。

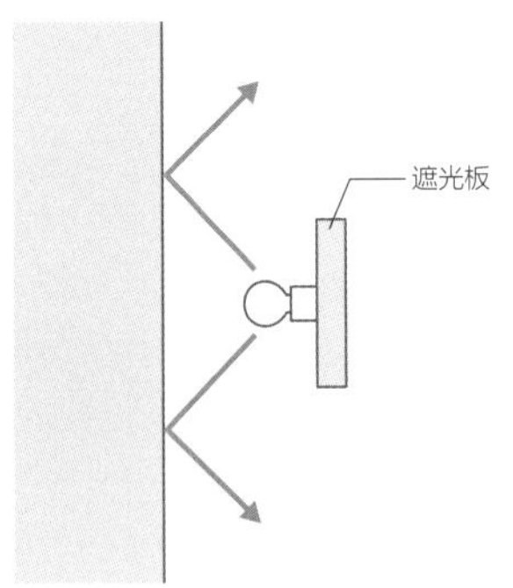

- 可以同时照亮天花板和墙壁。
- 光源比较容易被看到，必须确认装设的位置与动线。
- 某些光源可能会让遮光板突出的部分加大，有损美观。

装设位置

① 遮光板一方

- 让光源不容易被看到。
- 遮光板必须承受灯具的重量，有时得增加墙壁延伸出来的支撑部件才行。
- 像日光灯这种连续排的灯具的场合，灯具与墙壁的距离较近，灯座部分的影子比较容易被看到。连接的场合必须使用不会产生接缝的灯具。

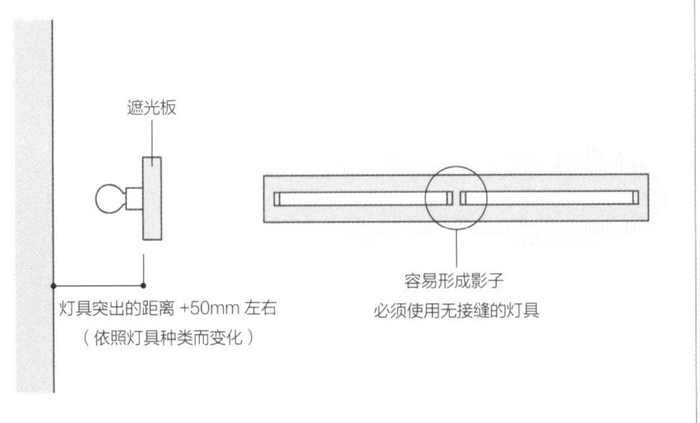

② 上下

- 墙壁与遮光板之间的间隔较窄也没关系。
- 不只是墙壁，扩散出来的光可以充分照亮天花板和地板。
- 因灯具种类不同，可能需要高度较高的遮光板，适合LED灯或无接缝照明等小型的灯具。

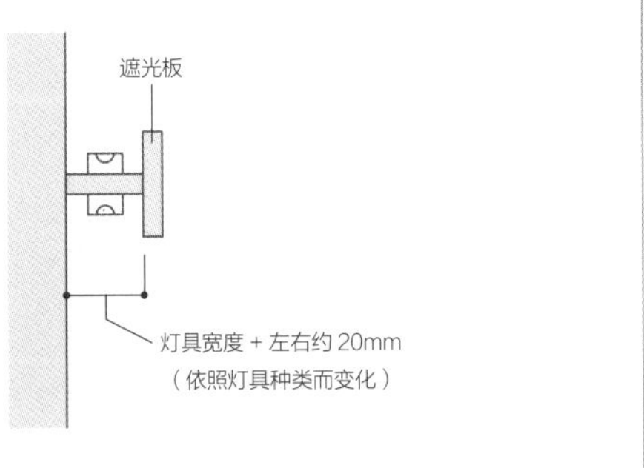

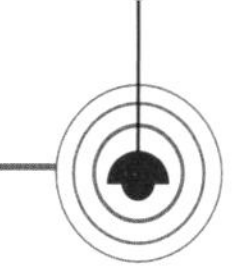

适合当作间接照明的光源

名称	特征与注意点	寿命
间接照明用日光灯  Panasonic	●前提是以倾斜的方式来装设光源，通过重叠让两端灯座的部分不会形成影子。 ●价格较低。 ●有可以调光的款式。 ●日光灯是较为常用的类型，且可以确保充分的亮度，但长度只限于16型和32型两种，收纳部位的尺寸比较不容易调整。房间的主要照明。	12 000小时 /每天点亮8小时， 大约可使用4年
无接缝直线型 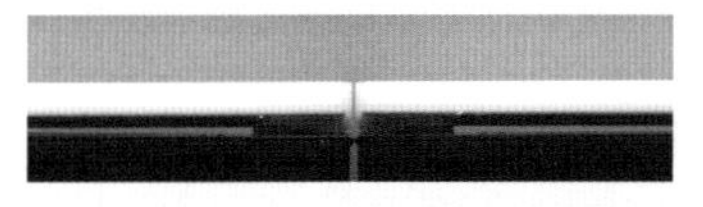 DN照明	●两端没有灯座，最边缘的部位也能发光。 ●连接时不会产生灯座的影子，光线均匀，无明暗差。 ●构造紧密。 ●有紧密型、高照度型、可调光型等多种的款式。 ●灯具尺寸有500 ~ 1500 mm等五种类型。 ●价格为一般直管型日光灯的3倍左右。	12 000小时 /每天点亮8小时， 大约可使用4年 (LED无接缝直线型照明的场合为40 000小时/每天点亮8小时，大约可用13年)
LED照明  Panasonic 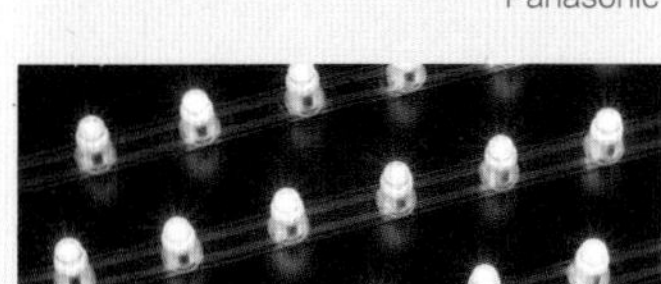 KOIZUMI照明 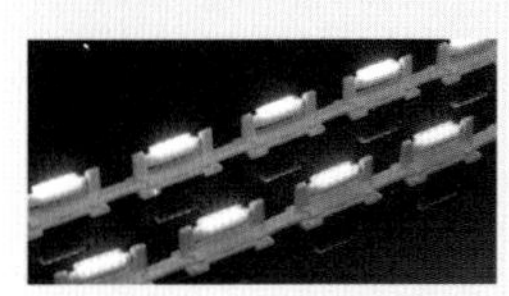 KOIZUMI照明	●装设所需的空间较小。 ●耗电量低。 ●和日光灯相比价格较高。 ●有些款式必须另外装设电源设备，要注意空间是否足够。装设时不仅要考虑灯具本身，还要考虑到电源装置。 ●扁条型LED灯即便其中一颗灯泡坏掉，也只能以一条为单位来更换。但也有可以选择在扁条中间分割的类型，后者的场合可以用分割单位来进行更换。 ●LED氙灯形（左下图片）可以分别进行更换。 ●大多数厂商都准备有灯泡色、白色、昼白色。 ●和日光灯相比，扁条型LED灯的光量较低。但用整体光通量来比较的话，可以得到与其他光源同样的照度，仍得注意呈现出来的感觉会随着配光而变化。 ●光源下方有箱型构造的灯具型LED，大多为100 V。	40 000小时 /每天点亮8小时， 大约可使用13年

强调开放性空间的天花板挑高照明

设计天花板挑高空间的照明时，必须考虑到装设之后是否可以交换光源，在选择灯具时还要考虑到维修的问题。另一个重点是用空间性照明来充分利用天花板挑高的构造。使用照射面朝上来照向挑高构造或挑高天花板的照明，可以创造出更加具有开放感的空间。

往上照射之壁灯的特征与注意点

远藤照明

KOIZUMI照明

往上照射的壁灯的例子。下方装上亚克力遮罩让光往下扩散出去，可以同时确保地面的亮度。

- 用高功率的灯具来确保室内整体亮度的场合，照明器具会变得较为庞大。
- 使用高功率灯具的场合，必须要有相当于白炽灯泡200 ~ 300 W等级的光源，可以和调光器一起使用。
- 可以通过调光的功能来降低亮度和耗电量，以提高经济效益。
- 使用白炽灯泡的灯具较为便宜，但寿命短，使用起来不方便。
- 住宅照明的场合，灯泡型日光灯或紧密型日光灯的寿命较长，经济效益良好，使用起来也比较方便。
- 虽然也销售有高功率的LED灯具，但款式较少、价格也偏高。

装设高度

- 装设在可以进行维修的2000~3000 mm的高度。与天花板之间若是可以有1000 mm以上的距离，则光线比较容易扩散到天花板上（图1）。
- 天花板较低的场所，光线比较不容易扩散，因此并不合适（图2）。
- 装在上方楼层可以触摸到的位置时，高功率的、往上照射的灯具会在表面形成高温，不小心摸到会烫伤。如果有物品掉在灯具上方，还有可能酿成火灾（图3）。

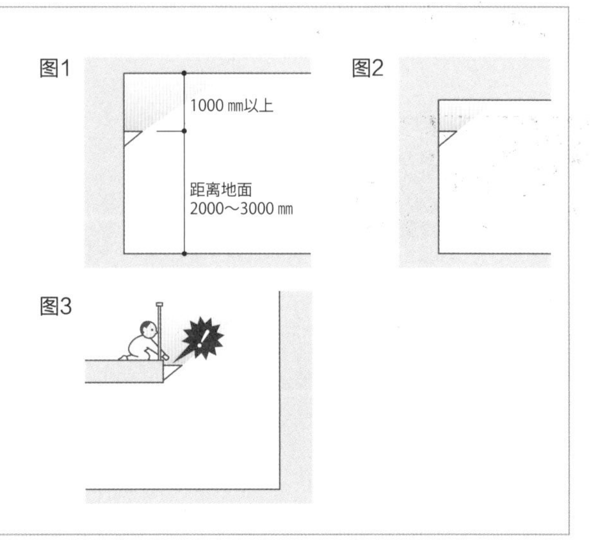

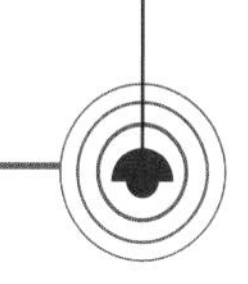

向上照射的投射灯的特征与注意点

大光电机

两盏一体成型的款式，照射范围较广的空间时可以使用往横向照射的款式等，有各式各样的投射灯存在。

- 在挑高的客厅等，既想要充分利用天花板高度，又想确保地板照度的场合，可以使用能够任意调整方向的壁灯型投射灯。
- 装设时若是分散在墙壁上，会让侧面也被照到，突显出灯具的存在感（图1）。也可以增加装设的数量，或是使用两盏一体成型的款式，以免影响到挑高空间给人的开放感（图2）。

图1

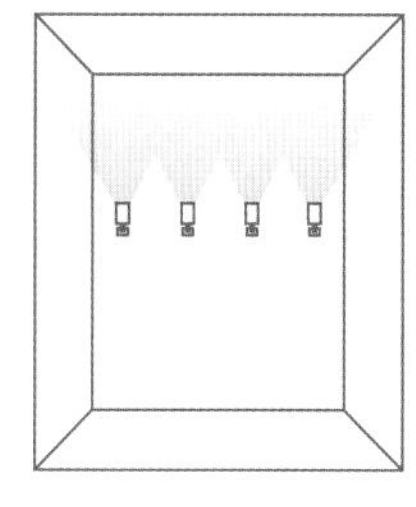

图2

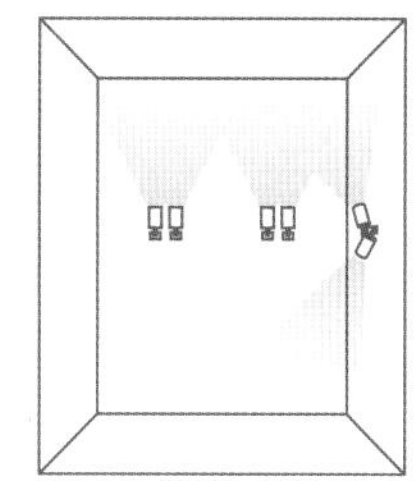

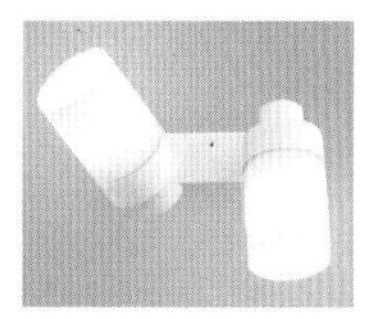

KOIZUMI照明

吊灯的特征与注意点

KOIZUMI照明

YAMAGIWA

在装有吊灯的场合，配光会随着灯具造型和光源的种类而改变。想让整个空间亮起来的场合，可以选择整体都会发光的款式（左图）；只想照射桌面的场合，可以使用往下发光的款式（右图）等，一定要按照需求来选出最为合适的灯具。

- 灯罩使用纸等较为轻盈的材质时，有可能因为空调吹出的风而晃动，必须多加注意装设的位置。
- 使用玻璃球灯具的场合，灯具若是装在靠近墙壁的位置，有可能在发生地震时撞到墙壁，玻璃球容易产生破裂。
- 在儿童房等会有小孩玩耍的空间，最好避免玻璃球等容易破裂的材质露在外面。

装设的技巧

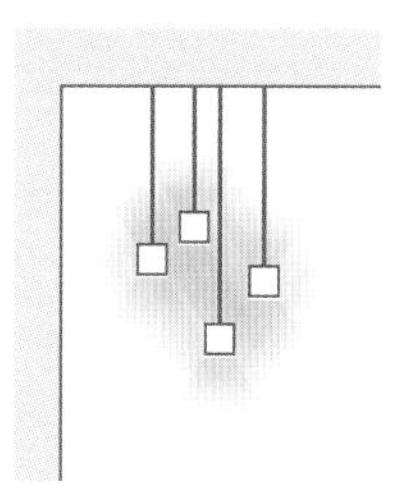

装设成组的小型器具时，可在高度上做出变化，形成有如枝形吊灯一般的气氛。

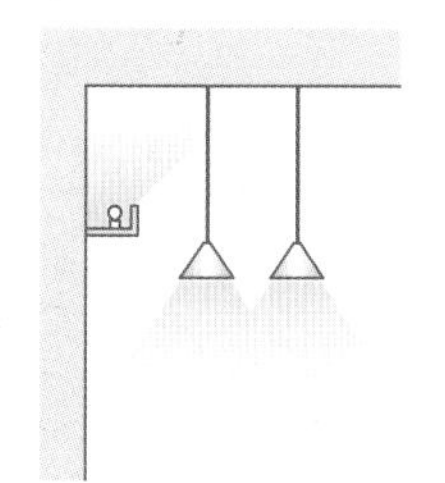

装有遮光灯罩的吊灯，天花板上会比较暗，因此要与间接性照明组合使用。

用位置较低的照明来营造豪华的氛围

为了确保桌上和地面的亮度，一般会将照明器具装在天花板上或墙壁上。而在自然光的场合，光线也是从上往下照射的。因此，日常生活之中很少可以体验到从下往上扩散的光线。也正因为如此，在住宅内，将来自于低处的照明当作点缀，可以营造出有如星级饭店的客房或大厅一般的高档又沉稳的气氛。

1 埋入地面、往上照射的光源　2 利用地面高低差的间接照明　3 形成影子或剪影的照明
4 埋设在屋内木工构造的脚灯　5 放置型的地面灯　6 融入家具之中的间接照明

埋入地面、往上照射的光源（1）的特征与注意点

Panasonic

- 与放在地板上的照明器具不同，灯具本身没有存在感。
- 装在踏板楼梯的下方，可以让光从楼梯板之间穿过，将影子照到墙壁上来突显楼梯的立体感。
- 必须在地板上开孔，装设时要避开地板上的木龙骨。
- 不可用在有可能会沾到水的地方。
- 装设位置如果靠近地板暖气施工部位，或是用地毯盖住灯具等，都有可能会导致火灾发生，故有安全方面的限制。
- 光源最好是10 W左右的日光灯，表面温度较高的白炽灯泡有可能造成烫伤，必须避免使用。
- 根据灯具的种类，可以使用3 ~ 5 W的LED灯来当作光源（照片中的灯具并不对应）。
- 连续装设的场合必须考虑配光来变更灯具的间隔。光打在墙上所呈现出来的感觉，请参阅第65页洗墙型筒灯或窄光束筒灯的使用方法。

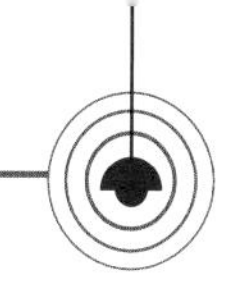

将间接照明、脚灯融入高低差、屋内木构造、家具（2・4・6）中的注意点

①装到高低差内

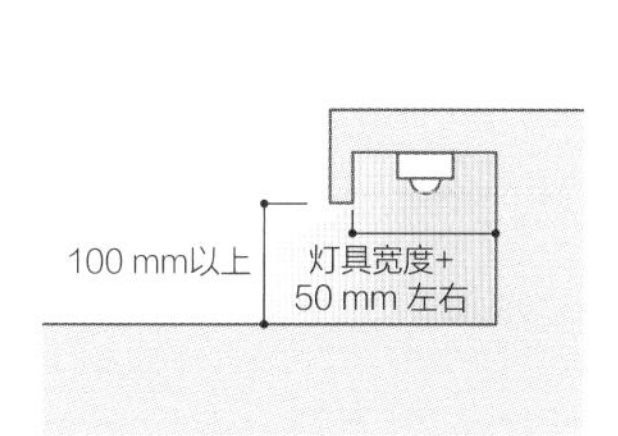

利用高低差所形成的间接照明，安全性能良好。特别是有高龄者生活的住宅，可以防止老人绊倒或跌倒。

②装到屋内木构造之中

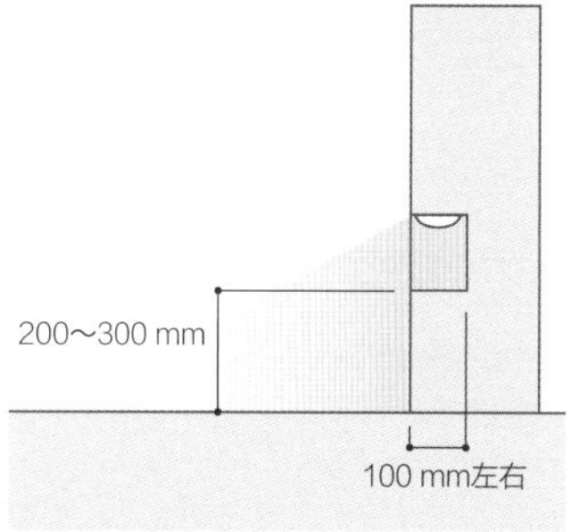

装到屋内木构造之中的脚灯拥有良好的施工性，价格也较为便宜，经常被当作脚边的照明来使用。

③装到家具之中

前方门
装上与前方门分开的挡板
空间死角

将照明器具装到家具之中的手法，必须另外装设电源，可以充分利用空间的死角。

① 装到高低差内的间接照明

- 必须与建筑设计一起进行设计。
- 高低差的开口部位，最少要有100mm的高度。
- 10W/m左右的LED台灯就可以得到充分的光通量，但LED灯大多得另外装设电源，有可能因为电源的体积使高低差增加。使用包含电源装置在内的100V的灯具，可以形成紧凑的构造。
- 使用无接缝等类型的日光灯的场合，灯具尺寸除了会使高低差增加之外，亮度也有可能过高。
- 地面有光泽的场合，会让照明器具产生反射倒影，必须避免。

② 装到屋内木构造中的脚灯

- 必须配合建筑设计来设计照明的方式。
- 必须将灯具埋入，因此屋内木工制品的尺寸必须超过灯具的宽度。灯具的宽度在100 mm左右。
- 光源适合使用10 ~ 15 W的日光灯，或1 ~ 3 W的LED灯。

③ 装到家具中的间接照明

- 必须配合建筑设计来设计照明方式。
- 应配合家具使用的方便性来调整照明器具的收纳空间。
- 将电源装在空间死角的场合，必须是既可以进行维修，又能进行散热的构造。
- 装到柜子等家具中的场合，必须是将门打开时，灯具不会被看到的构造。
- 地面有光泽的场合，会让照明器具产生反射倒影，必须避免。

形成影子或剪影的照明 (3) 的特征与注意点

- 与室内植物等其他摆设来进行组合的照明手法，在脚边加装小型的投射灯来往上照射。
- 根据照射对象的不同，让墙壁上出现各种不同的影子。
- 将照明装在植物后方只将墙壁照亮，可以让植物的剪影浮现，变更照明位置可以实现不同的展示手法。
- 为了不让光源直接被看到，必须注意灯具的方向。
- 光源使用10 W左右的灯泡型日光灯，或是3 ~ 4 W的灯泡型LED灯（灯座：E17）。
- 使用白炽灯泡的场合，叶子会因为光源所发出的热而受损，因此并不合适。
- 比较简单的方法是将夹挂式的灯具装到盆栽上，这样也能得到较好的效果。

如何选择放置型的地面灯 (5)

Panasonic

日本自古以来就有用行灯来照亮地板的放置型灯具，以前就存在将照明器具放在地板上的手法。

KOIZUMI照明

日本的住宅与欧美相比，天花板较低，坐在椅子上提高视线高度的话，大多会产生压迫感。位置较低的照明可以降低重心，视线也自然而然往下移动。

- 放置型的灯具容易进入视线之中，要避免使用亮度过高的款式，否则容易给人不舒服的感觉。
- 不是用来保证房间整体的照度，因此光量不用太高，让人感受到光线从灯罩或球体之中透出来的感觉即可。
- 易掌握的光源亮度，建议使用相当于60 W左右的灯泡型日光灯或LED灯。
- 白炽灯泡所发出的热度较高，要避免使用直接摆在地面上的类型。
- 家里如果有小孩和宠物的话，可能会损坏玻璃制的灯具，装设昂贵的照明器具之前要确保安全。
- 进行照明设计时要将地面灯也算进去，并在地面灯的附近装设插座。

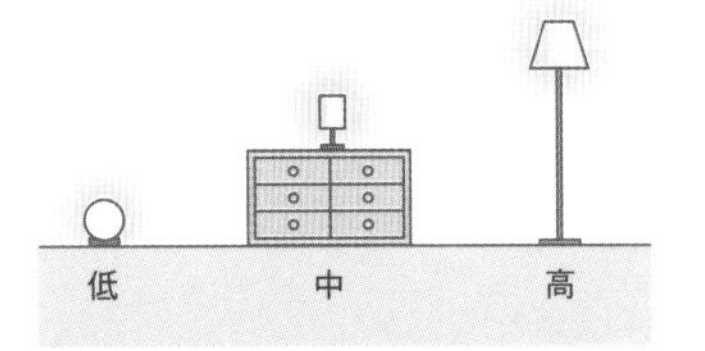

在客厅等宽广的空间内，装设不同的地面灯可以让室内产生节奏感，突显出空间的立体感。

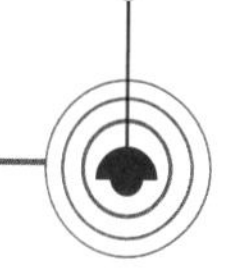

照射墙壁来创造出明亮的空间

墙壁是日常生活中最容易进入视线的构造面，因此照亮墙壁可以增加进入视线之中的光线，即便地面照度较低，也能让整体空间给人以明亮的感觉。可以说墙壁的照明方式决定一个房间整体的气氛。

在第53页我们介绍了使用间接照明的方法，在此介绍间接照明以外的方式。

壁灯的特征与注意点

往上的照明和照亮枕边的投射灯一体成型的款式

大光电机

灯具上下都会发光的款式

大光电机

- 灯具造型丰富。
- 分为灯具整体发光的类型和灯具上下发出光芒的类型，必须依照想要呈现的方式来选择。
- 从灯具上方发光的场合，必须根据刺眼的程度来选择装设的位置。
- 优先考虑家具的位置，不可给生活造成不便。
- 注意光发出的方向，以及到达天花板和墙壁的距离。

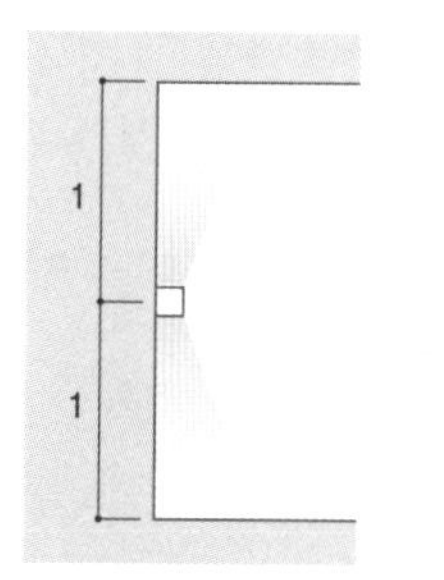

上下都会发光的类型，最好装设在地板和天花板的中间。

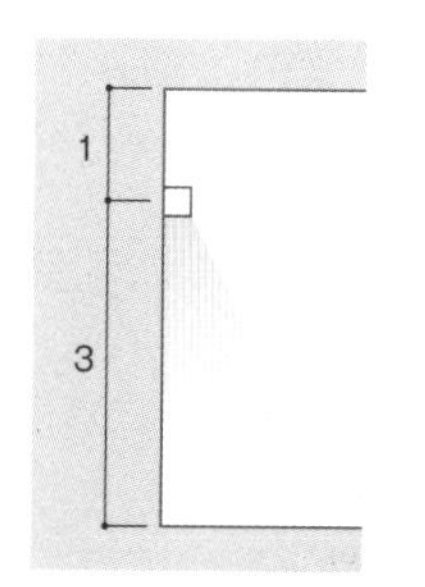

下方发光的类型，最好装设在1：3左右的高度。

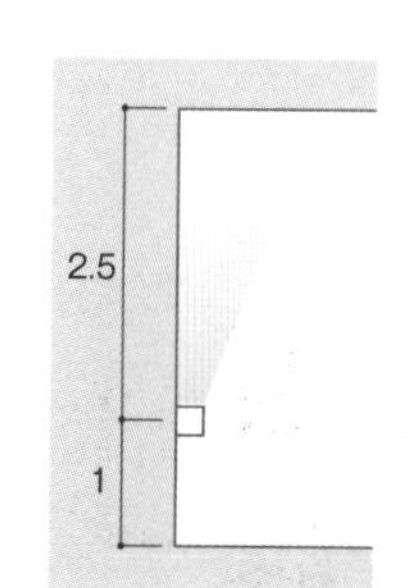

上方发光的类型，最好装在1：2.5左右的高度，注意不可以太低。

装设时的注意点

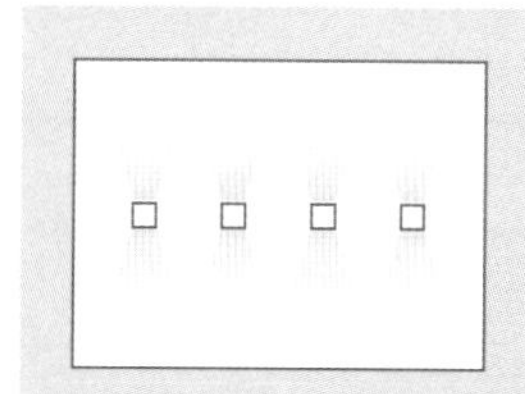

- 均等配置的场合，可以在中间保留一些间隔，墙壁上的亮度也比较朦胧。

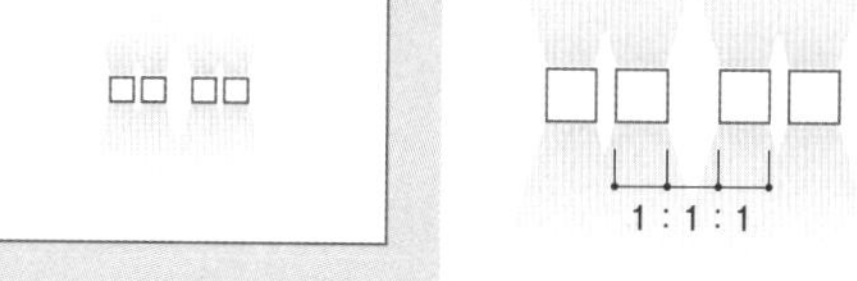

- 即便灯具数量相同，两盏集中在一起配置会形成比较紧凑的空间，墙壁也会变得比较亮。两组之间的间隔可以调整为一盏灯具左右的宽度。

投射灯的特征

Odelic

- 装在天花板上，将整个墙壁照亮的场合，可以使用灯泡型日光灯或扩散型LED灯。
- 往上照射来照亮墙壁上方的场合，详细请参阅第59页。

筒灯的基本特征

大光电机

- 将一般宽光束筒灯装在靠近墙壁的位置，不但会形成明显的扇形光（详细请参阅第11页），还会让整体产生朦胧的感觉，因此，必须用窄光束筒灯才能在墙上打出较强的阴影。

装设位置

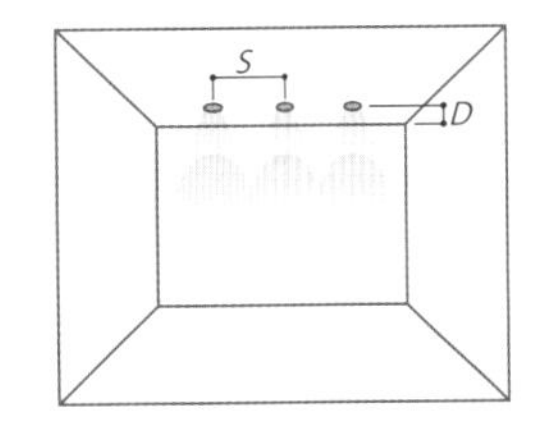

- 只想照亮墙壁的场合，可以装在距离墙壁250 mm左右的位置。D=1000 mm左右会让光像左图那样打在墙壁上。
- 灯具的间隔（左图中S）将决定扇型光会重叠到什么程度。
- 扇形的的形状，可以参考产品目录上的配光图。

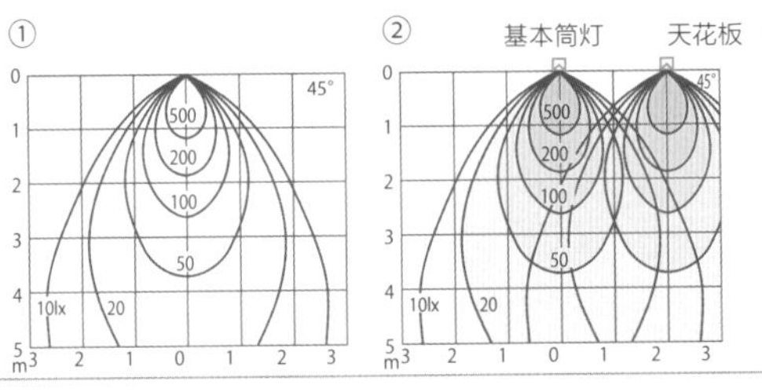

① 是配光图的例子。用代表光的曲线和网格，来确定灯具装设时的间隔。灯具之间的间隔为2 m的场合，扇形光会像图 ②那样重叠。间隔越长，扇形光重叠的部分也就越少。

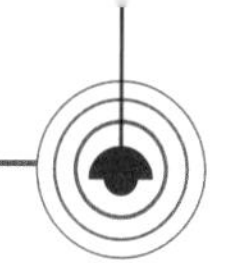

洗墙型筒灯的特征

- 不用将灯具装在墙壁上也能得到均等的光。
- 在照射范围内挂上图画或照片，可以有效地进行呈现，创造出有如美术展馆一般的气氛。
- 天花板和地板完工之后的颜色若是比照射面暗，会产生墙壁浮起来的效果。
- 适合使用的光源有氪灯泡、灯泡型LED灯、灯泡型日光灯等。

装设位置

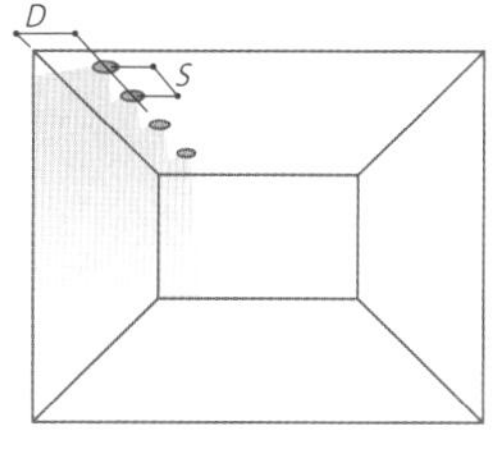

- 灯具与墙壁的距离（左图中*D*）为800 ~ 1000 mm。
- 灯具的间隔（左图中*S*）是与墙壁距离的1 ~ 1.5倍。
- 配光会随着灯具种类而变化，选择时要参考产品目录上的配光图。

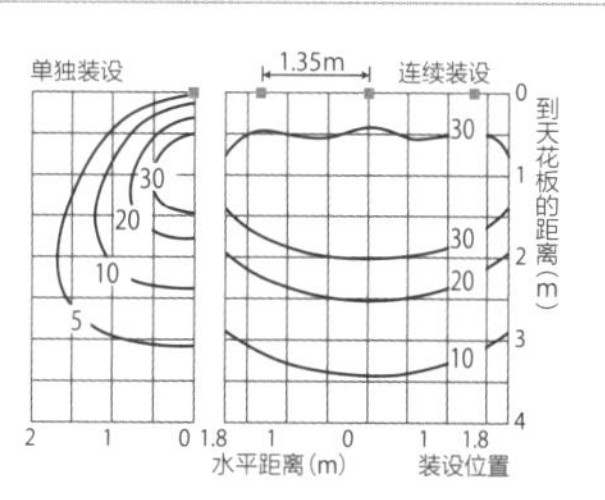

上图是将60 W迷你氪灯泡的洗墙型筒灯，装在距离墙壁0.9 m的位置时的配光图。其中右图是将3盏灯具以1.35 m的间隔装设的照度分布，左图是单独装设时的照度分布。

窄光束筒灯的特征

- 主要用在距离较长的走廊上。
- 连续性的光源可以形成独特的展示效果。
- 可以照亮墙壁和地板的连接面，如果走廊宽度只有3 m左右，则只照射单边的墙壁就能保证充分的亮度。

距离墙壁300 mm左右，以大约1000 mm的间隔装设无眩光的LED筒灯，以此削减灯具的存在感。

落地灯的特征

大光电机

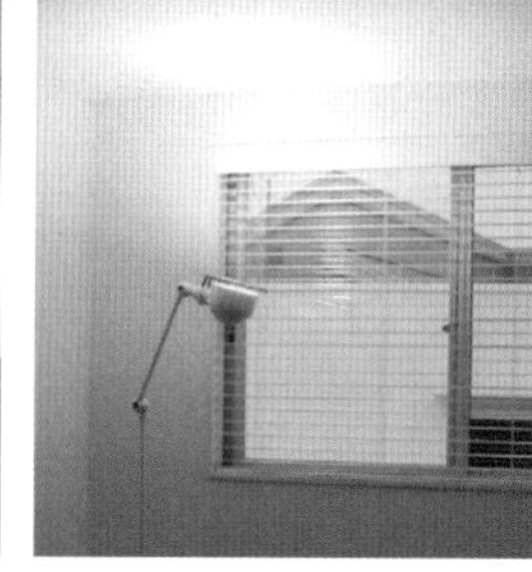

特征

- 照射墙壁最为简单的方法。
- 移动方便，只要插到不同的插座上，就能照射任意的墙壁，方便人们配合家具的摆设来改变照明的位置。

用面发光的照明来展示空间

对于住宅的内部来说，面发光属于不太普遍的照明手法。但局部使用光墙、发光的天花板、发光的地板，或是依照客户要求在展示空间来进行呈现时，可以产生非常不错的展示效果。光源建议使用种类多、价格适宜的 LED 灯。用面发光来当作照明时的设计重点，在于如何均等地呈现光，下面针对这一点进行介绍。

在发光面后方装设光源时的特征与注意点

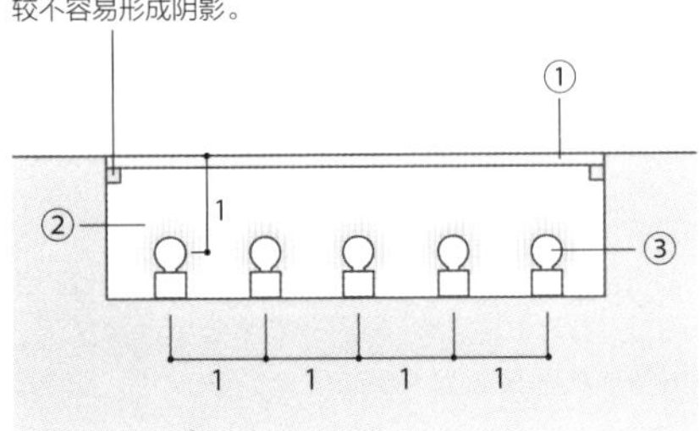

- 发光面的亮度较高。
- 发光面会使用乳白色的亚克力板，或是乳白色的毛玻璃。
- 让发光面均等的重点在于，不论是天花板、地板还是墙壁，面板到光源的距离与光源的间隔须维持1：1的关系。
- 即便维持在1：1，呈现出来的感觉也会因为光源的种类、前方面板、背后的空间等条件而变化，若想进行更加精准的照明计划，必须制作木模型来进行实际考察。
- 光源可以使用第57页“适合当作间接照明的光源”所介绍的扁条型LED灯等。

① 前方面板的规格

- 大多会用乳白色毛玻璃（乳白色磨砂玻璃）或乳白色亚克力来当作让光透过的材质。
- 若只是想让展示柜等较为狭窄的面积发光，乳白色亚克力是非常合适的选择。
- 面板太薄，有可能会弯曲，让内部的光源透过，最好使用厚度在5 mm左右的类型。若必须承受负荷，则要加以考虑这点来进行选择。
- 因为静电的关系，亚克力板容易使灰尘附着，要避免装在容易变脏的场所。

② 内部规格

- 基本上涂成消光的乳白色，正面就可以均匀地发光。

③ 光源

- 以盖上面板的状态来使用，适合使用光源发热较少、维修频率较低的LED灯或日光灯。
- LED灯具本身厚度较薄，可以减少背面所需的空间。

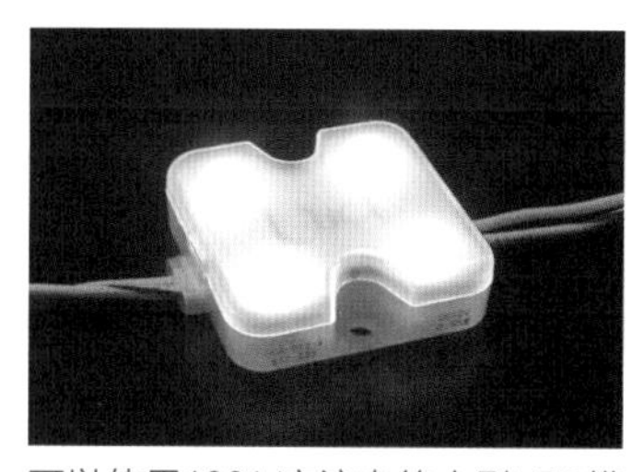

可以使用100 V交流电的小型LED模组，另有多种款式供人选择，可以满足不同装设上的需求。

PROTERAS

既薄且可弯曲的LED灯，用在弧形墙壁或圆柱的发光面上。

PROTERAS

直接使用100 V交流电的面发光用扁条型LED，不需要变压器。

PROTERAS

导光板会在发光面的侧边装设光源

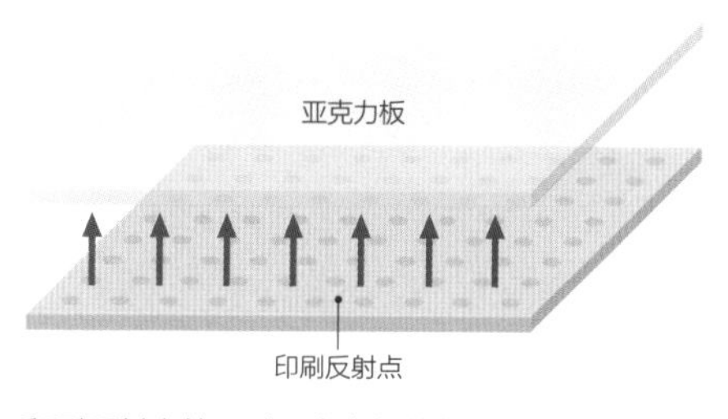

印刷反射点等，对亚克力板的单面进行特殊加工。

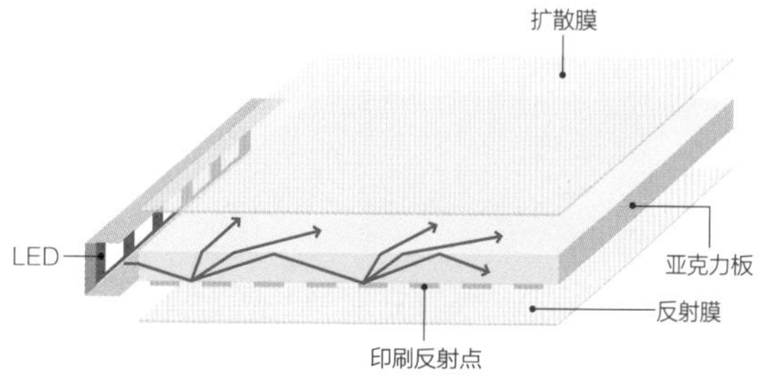

用反射膜与扩散膜来和亚克力板组合。装在侧面的光源所发出的光线，会在内部持续反射让表面发光。

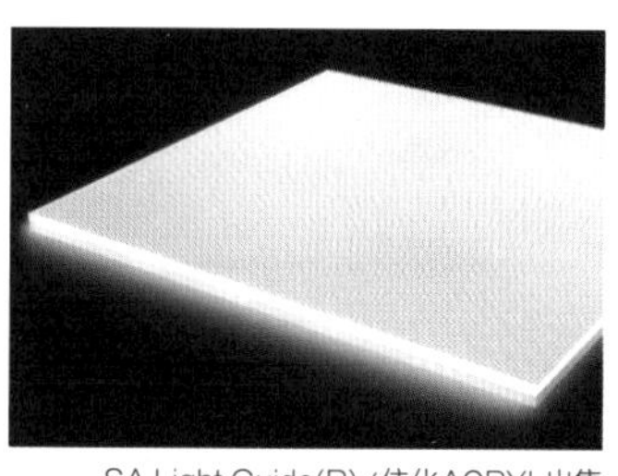

SA Light Guide(R)/住化ACRYL出售

- 光源一般使用小型LED灯。
- 可用最低限度的光源来实现面发光。
- 不适合大面积发光。
- 面板中央是最暗的部位，部分款式会在四边都装上光源，改变四周与中央反射点的大小，尽可能得到均等的亮度。

将照明融入家具之中

在设计屋内的木制家具时，建议可以同时考虑照明。因为事后设计的照明不论再怎么努力，都无法使灯具本身的存在感完全消失。如果可以将照明融入室内的木制家具之中，则可以让居住者既得到适当的照明，又不用去在意灯具的存在，实现完成度更高的室内空间设计。

照明器具的收纳方式与注意点

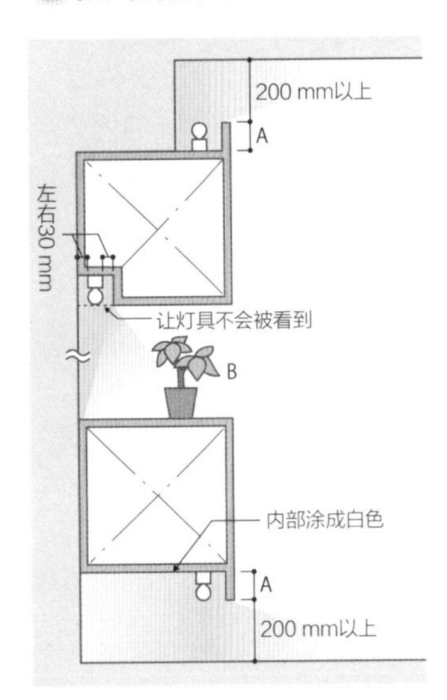

- 装到家具上方或下方时，必须考虑到天花板和地板的表面材质。如果天花板和地板比较容易反光，很可能会出现灯具的反射倒影。
- 挡板的高度大约是灯具高度+5 mm左右（图内A）。
- 若是照亮橱柜后方，可以让前方摆设的物品有如剪影一般浮现（图内B）。
- 在电视后方照亮屏幕大约一半的范围，可以减少画面和背后亮度的落差，眼睛也不容易疲劳。
- 用乳白色亚克力将灯具盖住的场合，必须开几个直径约15 mm的孔，让光源所发出的热排出（下图C）。
- 灯具与家具或墙壁的间隔，大约是灯具宽度+左右各30 mm。但如果是使用LED灯等小型光源的灯具，则必须空出各100 mm左右，当作维修用的空间（图内D）。

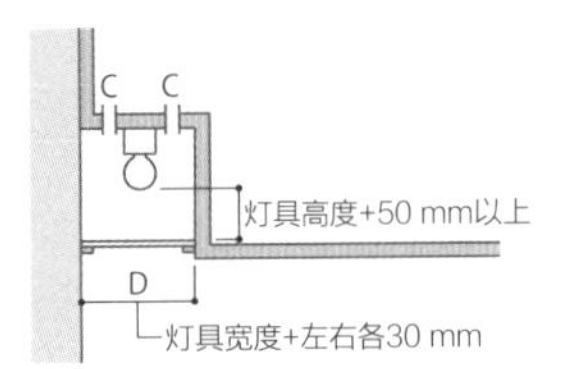

用调光器来延长光源的寿命

调光器可以让照明的亮度产生强弱变化，配合生活使光亮成为一种演示效果。而调光还可以降低耗电量，延长光源的寿命。一般来说，通过调光将白炽灯泡的亮度降低 10%，可让耗电量减少 10%，光源的寿命延长 2 倍。将白炽灯泡的亮度降低 20% 的话，则可让耗电量减少 20%，光源的寿命延长 4 倍。调光器规定有可控制灯具的数量（负荷容量上限），单一的调光电路不能无上限地与照明器具连接。

白炽灯泡调光的特征与注意点

- 亮度减弱会让色温跟着下降，成为带有红色的光。
- 调光器本身价钱比较低。
- 配线作业只需电线就能完成。
- 可0 ~ 100%无段式调光。

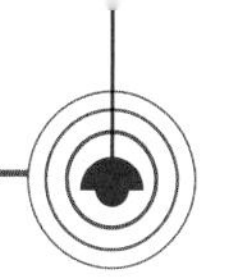

调光方式

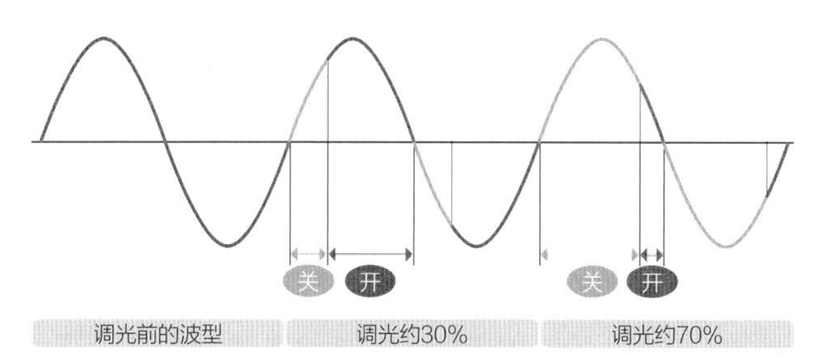

白炽灯泡的调光方式被称为相位控制，通过调光器内部的半导体，依照电源的频率迅速重复开灯／关灯的步骤。开灯时间较短，则亮度较高；较长的话，则亮度较低。

白炽灯泡的调光器与负荷容量上限的例子

KOIZUMI照明

外壳种类	负荷容量上限	
	单独装设	连续装设
金属外壳	100 ~ 800 W	100 ~ 640 W
树脂外壳	100 ~ 640 W	100 ~ 400 W

基于构造上的关系，有很多的能量会被当作热来释放出去，开关打开时会使温度升高。装设调光电路的墙内机壳分为金属和树脂两种，两种负荷容量的上限有所差别。将成组的调光器排在一起装设时，必须压低负荷容量的上限来计算瓦数。

日光灯调光器的特征与注意点

- 用PWM（脉冲宽度调制）调光信号来进行控制，需要专用的调光器。
- 调光范围在5% ~ 100%之间。
- 与白炽灯泡相比，从60%左右开始渐渐变暗，在40%左右突然变暗，调光的感觉并不顺畅。
- PWM调光器必须要有电线和调光用的信号线。
- 必须选择可以对应调光的灯具。
- 调光器的价钱高达数万日元，再加上配线材料、施工费用和专用设备等，与白炽灯泡相比价钱并不便宜。

LED 灯调光器的特征与注意点

- 灯泡型LED灯、瓦数较低的LED灯，与白炽灯泡一样采用相位控制，瓦数较大的类型大多是灯具本身、电源、LED灯一体成型的PWM方式。
- 必须使用已经测试过的、由厂商建议使用的调光器。
- 调到低照度时将灯打开，光源无法亮起。
- 光源会在将调光器的按钮转到最低之前熄灭。
- 在低照度进行调光时，微小的电压变化也会让光源熄灭。
- 在低照度进行调光时，光源有可能会出现不断频闪（详细请参阅第11页）的现象。

专栏

光所造成的伤害

在我们生活的环境之中，令人意外的是，有许多东西对光非常敏感。比如纺织品、版画、水彩画、照片、染色皮革等。这些物品在光所含有的紫外线、红外线、可见光的影响之下，会出现变色、混色等不良的影响。在进行照明设计时，除了需要思考照明器具和光源之外，还要好好掌握光线照射的对象，避免造成不必要的损害。

太阳光的波长

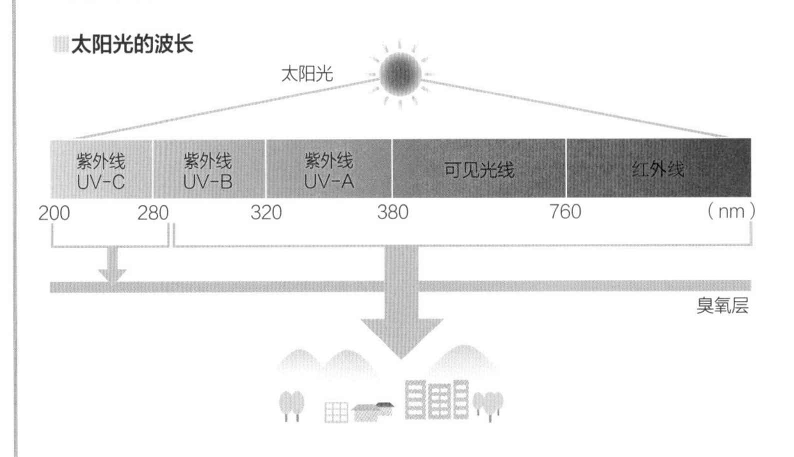

太阳光由紫外线、可见光、红外线构成，在这之中只有可见光能够被肉眼看到。除了太阳光之外，日光灯等光源也会发出紫外线。

光与室内装修、身体的关系

各位是否曾想过室内装修对于人体造成的影响呢？首先让我们假设某个房间的室内装修以黑色为主，黑色会吸收光，让光无法反射。既然不会反射，光自然不会进入眼睛中。这让眼睛所承受的能量降低，体内所得到的能量也相应减弱，脑部下视丘随之衰退。最后让人体自律神经变弱，甚至有可能导致内脏衰弱。因此，如果想拥有健康的生活，在设计室内装修时或许得使用较多明亮的颜色。

分光反射率曲线

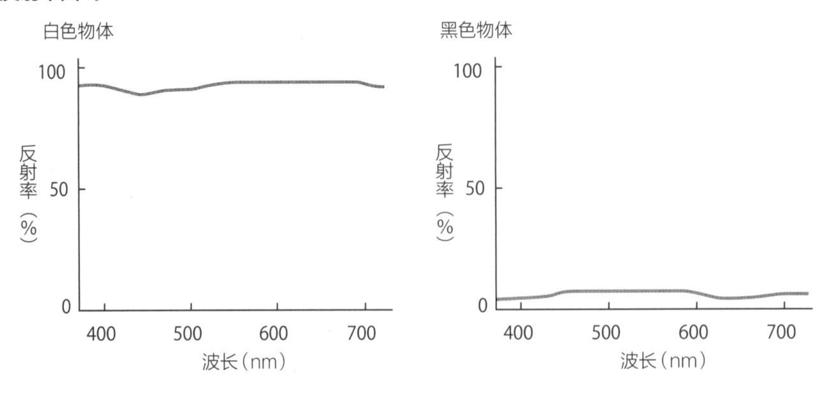

上图是物体所反射的各个波长的光线。白色会以极高的比率来反射所有的波长，相较之下，黑色的反射率不论在哪个波长之中都非常低。这说明黑色几乎能将所有波长的光线都吸收起来，让光无法反射回去。

第 4 章

不同区域的照明设计要点

不同区域的照明设计要点

在此针对住宅内各个不同的空间，具体提出照明设计的要点和注意事项。思考建筑设计计划案时，最好在初期阶段就准备好照明计划，结合建筑设计与照明计划，创造出协调生活与光线的住宅。

客厅、餐厅会依照不同的场景来使用照明

客厅、餐厅是家庭团聚的场所，但有时也会用来款待客人。像这样事先已经得知会有不同用途的场所，必须以多功能的使用目的为前提来进行设计，建议使用可以让空间产生变化的多灯分散的手法。

具体来讲，是在作为主轴的餐桌上方装设吊灯。虽然是用灯具的数量与灯具的配置方式来改变气氛，但亮度必须维持在 300 lx 以上。墙壁可以使用筒灯来进行重点性的照明，同时还可以组合地面灯或建筑化照明，形成没有闭塞感的空间。对于天花板、墙壁、地板来说，则是改变照射的区域，尽可能不让特定部位太暗，避免让气氛有所偏差。

1 房 1 灯与多灯分散所呈现的感觉

1房1灯

Panasonic

使用天花板灯的1房1灯所呈现出来的感觉，室内亮度均等，形成普通，但没有特色的气氛。

多灯分散

Panasonic

将照明器具装在各种高度和场所，与1房1灯相比，空间的立体感更为明显。另外，还可以按照用途来选择具体的照明器具开关方式。

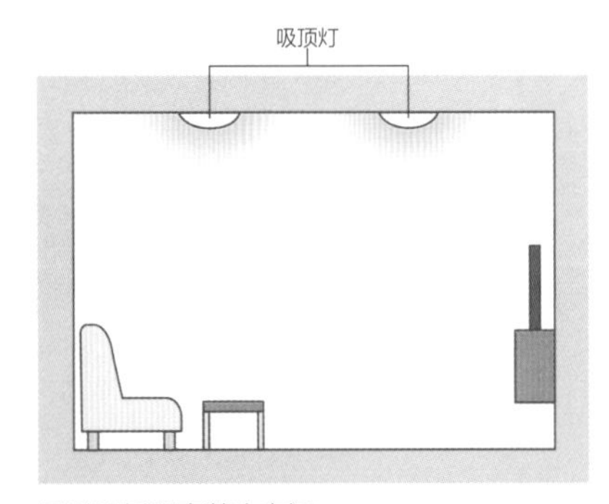

用吸顶灯照亮整个空间。

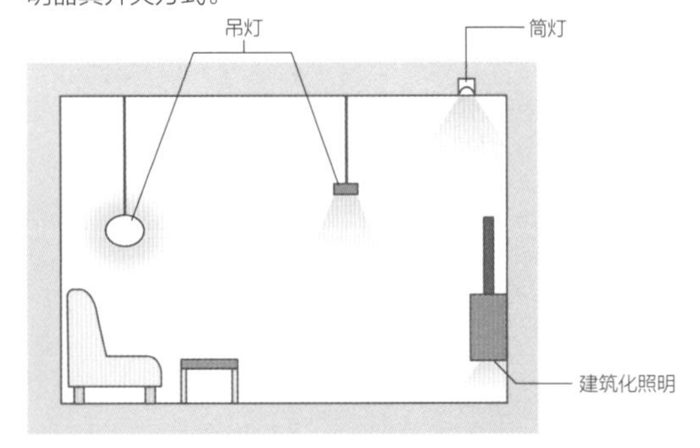

墙壁和桌子上方等，从各种高度来照亮特定的空间。

选择性地使用整体照明与间接照明

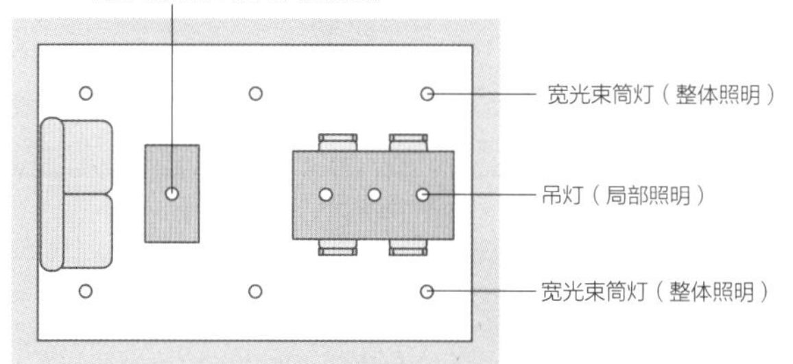

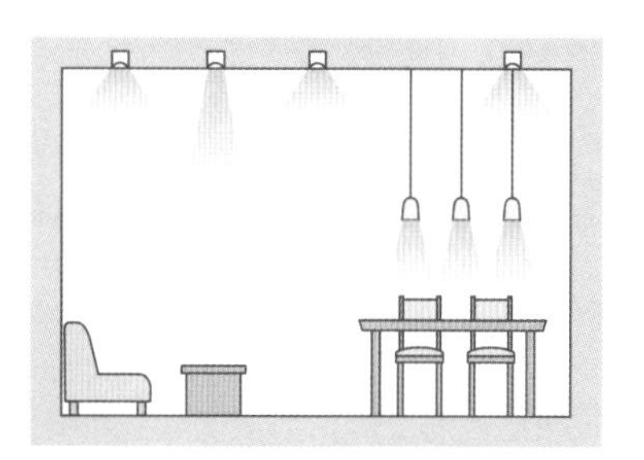

- 宽光束的筒灯比较适合当作整体照明，能保证50 ~ 100 lx的平均地板照度。
- 事先想好房间的各种使用方式，将开关分成客厅与餐厅，并装设调光器。
- 即便是同样的照明，也会在天花板、墙壁、地板的影响之下给人不同的感觉。室外没有亮光且不拉窗帘的场合，光线几乎穿过玻璃，不会出现反射，因此室内会变得比较暗。

掌握配置灯具的基本原则

① 餐桌上方使用吊灯

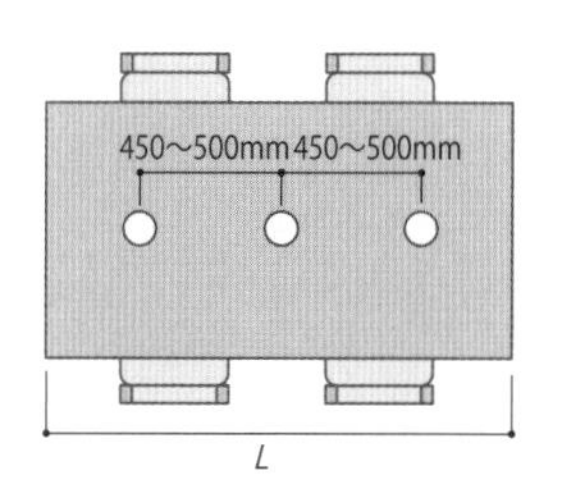

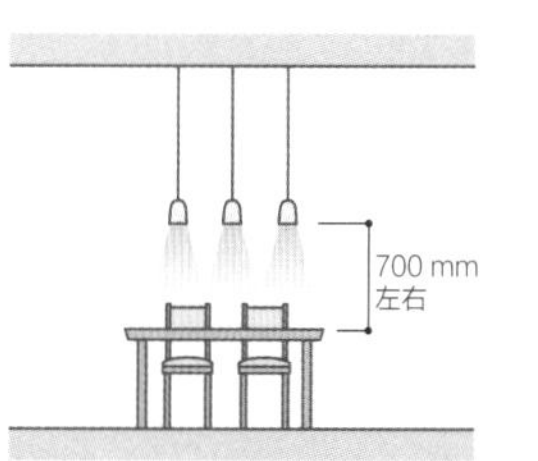

- 照明器具的直径，可以将桌子长边L的1/3左右当作标准。

  例：L=1500 mm=Φ500 mm的吊灯1盏
- 排列一组灯具的场合，可以用桌子长边L除以灯具数量，以商数的1/3当作标准。

  例：L=1500 mm÷3×1/3=Φ160 mm
- 装设配线槽（轨道）的话，即便改变桌子的大小和位置，也能简单地追加、移动照明器具，对应起来相当方便。

- 灯具吊挂的高度，必须考虑到坐下时是否可以看到对方的脸。
- 将桌面的照度调整为200 ~ 500 lx。

② 餐桌上方使用筒灯

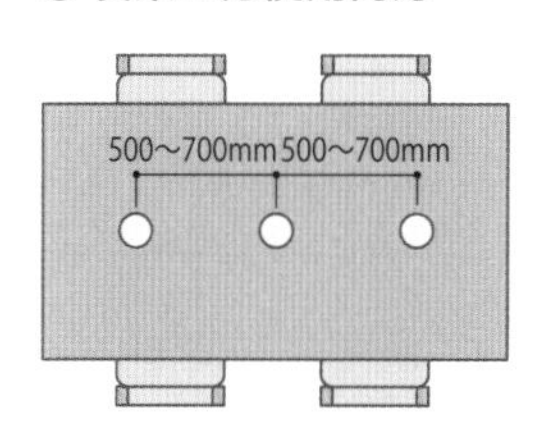

- 在桌子上方，以较近的间隔装设2 ~ 4盏灯具，让桌面可以得到200 ~ 500 lx的照度。
- 如果有灯头可旋转型筒灯或落地式投射灯，可以调整照射的角度来应对不同的状况。

依照场景对客厅、餐厅进行调光

多灯分散的场合，可以通过调光的组合来实现多元的展示手法。
以下是依照不同的场合来分配亮度的例子。

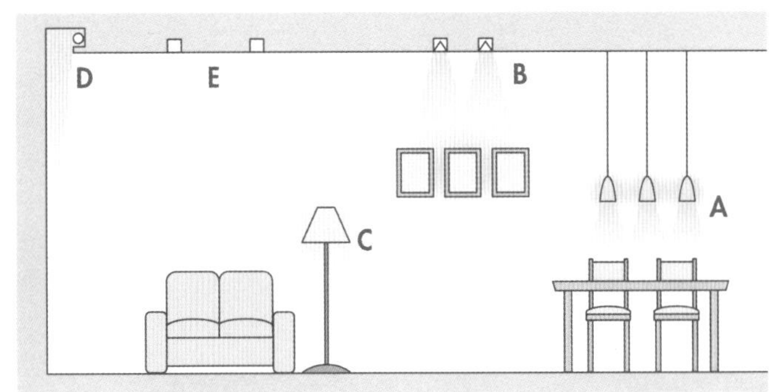

① 晚餐时

A 餐桌上的吊灯100%
B 照射墙壁的筒灯80%
C 地面灯50%
D 墙壁面的间接照明80%
E 基本筒灯0~20%

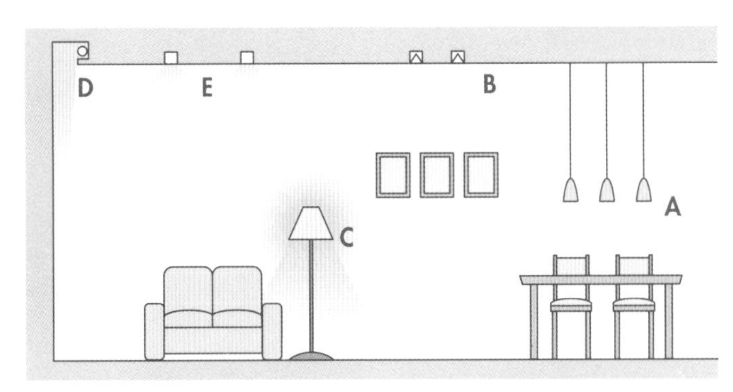

② 团聚时

A 餐桌上的吊灯0~20%
B 照射墙壁的筒灯30%
C 地面灯80%~100%
D 墙壁面的间接照明80%
E 基本筒灯20%~100%
※基本筒灯的位置依活动的场合来调整

客厅、餐厅的照明案例

没有使用吊灯，但是将筒灯重点装设在餐桌等人所聚集的场所，以此来确保桌面上的照度。

用光照射墙壁，形成没有闭塞感的客厅、餐厅。

KOIZUMI照明

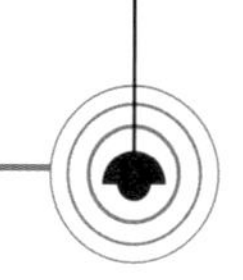

厨房的照明器具有不同的功能分担

厨房并非只是用来做饭的空间，有时也会在此享用早餐，或是跟友人谈笑、阅读。因此照明也必须从功能与气氛这两方面来进行考虑。

厨房的照明基本上会用整体照明与局部照明来进行组合。局部照明一般会设置在操作台上方，吊挂式橱柜的底部装上厨房用的 20 W 管状日光灯。考虑到刺眼与清洁等因素，最好选择附带亚克力遮罩的灯具。为了在做饭的过程中进行较细致的作业，料理台必须有 300 ~ 500 lx 的照度。

照亮整个厨房的整体照明，则是选择管状日光灯或筒灯。筒灯的间隔一般会与走廊或客厅相同，但考虑到厨房内餐具等琐碎的物品，建议可以追加一盏额外的筒灯。在这个场合，天花板与墙壁理想的反光度为50% 左右，这样可以将收纳柜、碗橱照亮，烘托出适合享受下午茶的气氛。

灯具的基本配置为整体照明与局部照明

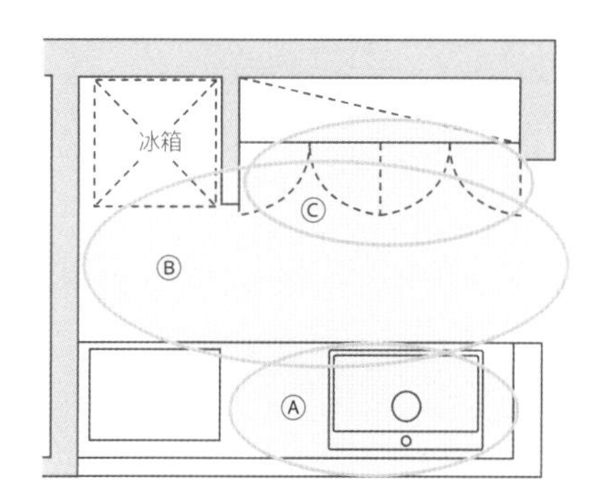

- 厨房的照明大多由以下三类构成：
  Ⓐ操作台的局部照明；
  Ⓑ厨房的整体照明；
  Ⓒ收纳的局部照明。
- Ⓐ一般会使用日光灯或LED的筒灯。
- Ⓑ用日光灯或宽光束筒灯来确保厨房整体的照度。
- Ⓒ使用投射灯或洗墙型的筒灯，方便收纳琐碎的物品，能够调光的话，使用起来会更加方便。

① 有墙壁和吊挂式橱柜的场合

- 装在吊挂式橱柜下方的照明，距离眼睛比较近，必须装设挡板，以免出现刺眼的问题，也可以使用附带灯罩的照明。

② 开放式厨房的场合

- 选择灯具时必须同时考虑来自客厅的光线。
- 使用投射灯或筒灯的场合，最好使用可以保证手边照度的窄光束灯具。
- 可以调整角度的照明器具使用起来会更加方便。

注意照明器具的装设位置

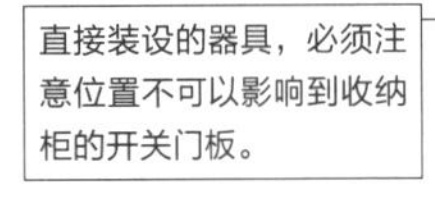

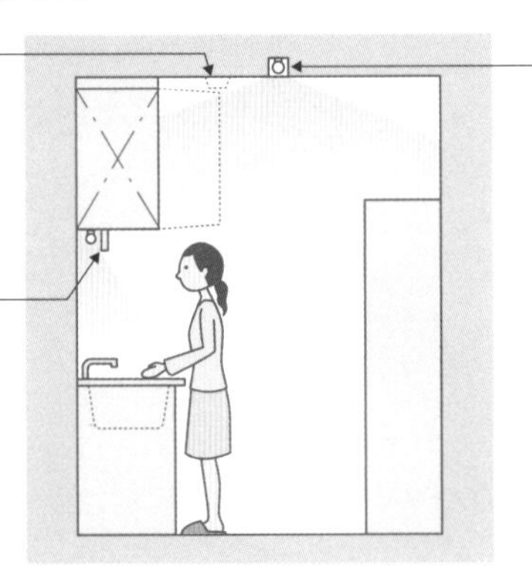

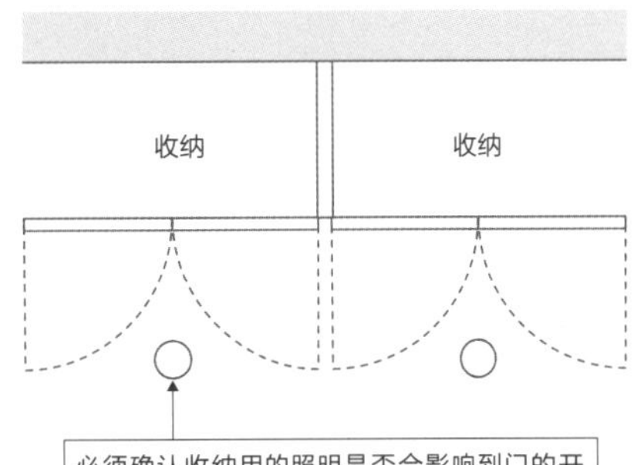

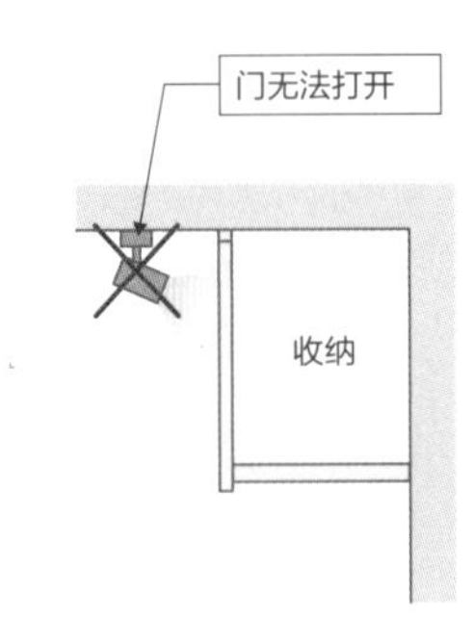

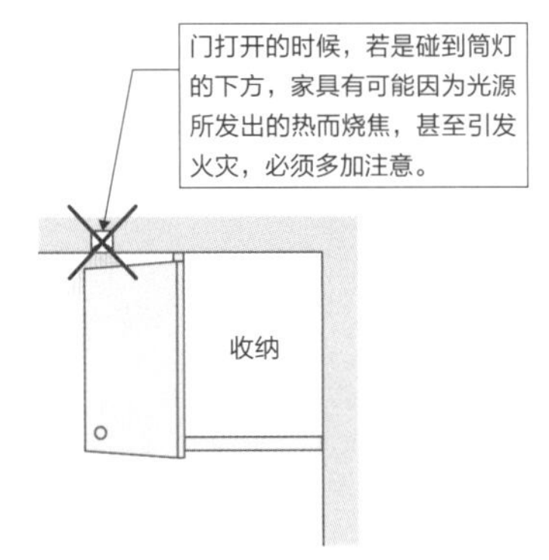

厨房照明的案例

建筑设计/连和设计社市谷建筑事务所
摄影/伊藤彻

化妆间、浴室的照明必须注意影子的方向

一边洗澡，一边听音乐或看电视，已经不再是罕见的行为。配合这股风潮，浴室照明不再只是照亮空间的乳白色玻璃球，开始出现高性能防水投射灯等装饰性较强的款式。

另外，则是洗脸台、浴室所不可缺少的镜子。为了让镜子内的形象更加美丽，一般会在镜子周围装上低瓦数的雾面白炽灯泡（乳白色玻璃球的白炽灯泡），但这样视觉上会给人比较拥挤的印象，整理头发的时候看起来也不理想。建议可以在镜子左右装上壁灯，这样脸部不容易形成不自然的阴影。

化妆间、浴室照明的构成

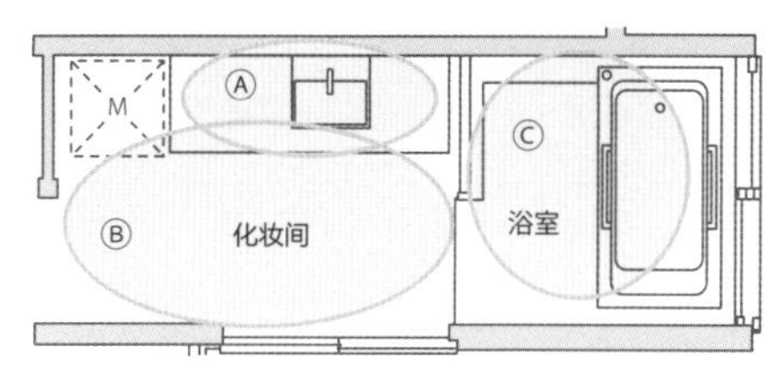

- 化妆间的照明大多由以下三类构成：
  Ⓐ洗脸台的局部照明；
  Ⓑ化妆间的整体照明；
  Ⓒ浴室的整体照明。
- Ⓐ必须让镜子内的形象更加美丽，并且不让人有刺眼的感觉。一般会在镜子左右或上方装设附有乳白色亚克力或是可以让光线柔和扩散的壁灯。
- Ⓑ使用宽光束筒灯，为了让肌肤显得更加美丽，建议使用显色性较好的日光灯、灯泡色LED灯等。
- Ⓒ所使用的灯具与Ⓑ相同，但必须是防潮型。

① 浴室照明的注意点

若是在浴缸一方（窗户的相反方向）装设照明器具，会让身体的剪影出现在窗户的雾面玻璃上，必须装设在右图这样的位置。另外，还必须是泡在浴缸内的时候，照明器具不会进入视线之中的位置。

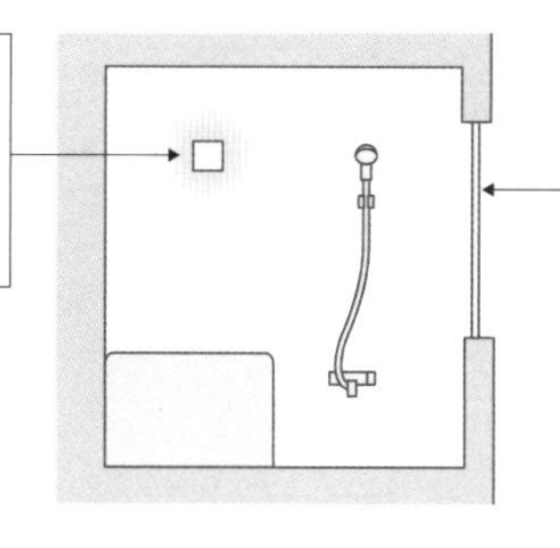

浴室若是有窗户，必须注意照明的位置，不可让使用者的剪影出现在雾面玻璃上。

② 化妆间照明的注意点

用筒灯来当作整体照明，就可以让整体得到充分的亮度，但会让脸部出现不自然的阴影。

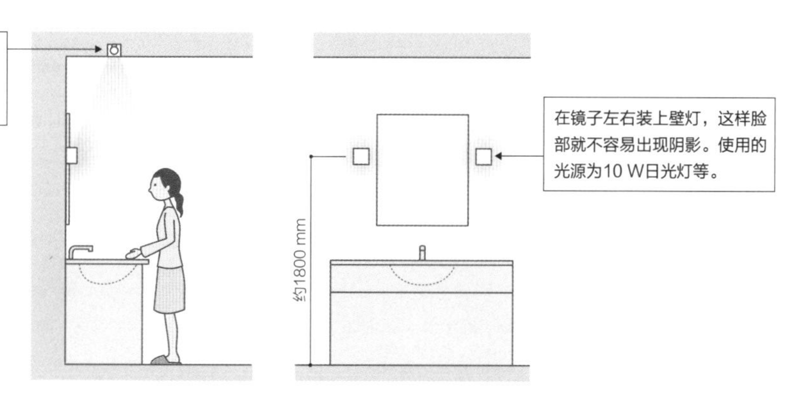

在镜子左右装上壁灯，这样脸部就不容易出现阴影。使用的光源为10 W日光灯等。

室外有庭院时的照明方法

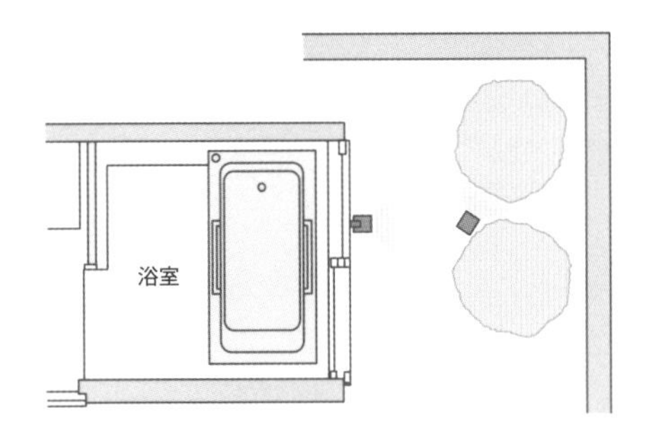

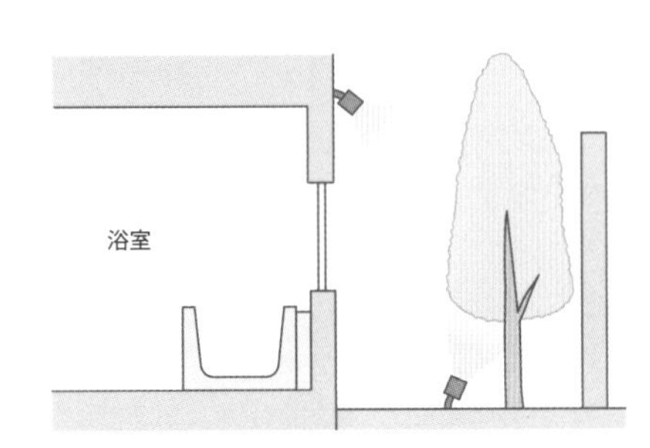

- 浴室外面若是有环绕的庭院，可以通过照明来享受宽广的视觉效果。
- 照明器具必须选择室外用的防潮型。
- 可以在外墙装上投射灯，从上方进行照射，将球形照明埋到地面，或是用钉入式的投射灯将树木照亮。
- 钉入式照明可以变更位置，但必须插电，要在附近准备好室外用的插座。
- 将照明器具装在从浴室内无法看到的位置，以避免破坏气氛。
- 要将配光调整到从浴室内看出去不会刺眼的程度。另外，也要注意不可以让光线漏到自家以外的空间。

化妆间、浴室的照明案例

照片中的浴室面向外面。在这个场合，可以在室外装上投射灯，将庭院照亮来进行展示。

意识到从化妆间到浴室的连续性，两个空间都使用同一种壁灯。

浴室墙壁所使用的壁灯必须选择防潮型。防潮型的壁灯有天花板与墙壁都能使用的类型，以及天花板专用的类型等，选择时必须注意装设位置是否有其他限制存在。

建筑设计/加藤晴司建筑设计事务所

儿童房的照明必须可以适应儿童成长

儿童房的照明必须适应孩子的年龄来改变具体的照明方式。10 岁前后是小孩眼睛发育的关键时期，房间内要尽可能保持明亮，避免出现影子。一般会用天花板灯来确保整体的照度，并在书桌上加上台灯。天花板灯的光源可以使用附带高频镇流器和乳白灯罩的日光灯。

随着孩子的成长，除了亮度之外，还必须营造出适当的氛围，因此可以事先装好照明用的轨道，这样就可以随着小孩的年龄来调整投射灯的角度。

各个年龄必须注意的重点

① 10岁以前

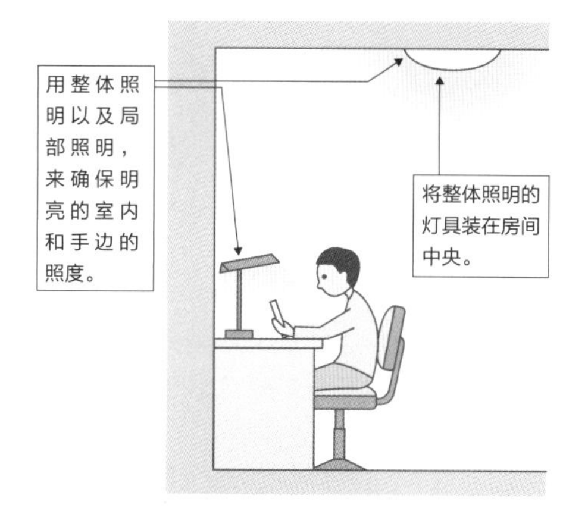

② 成长之后……

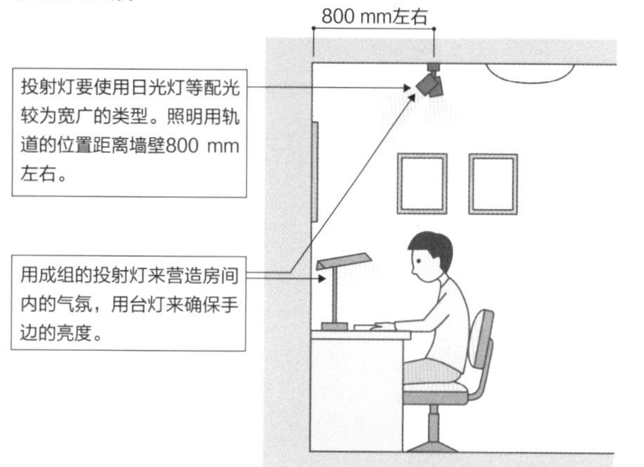

儿童房的照明案例

照片为6~10岁的儿童房。

天花板可以分别选择天花板灯与装在照明轨道上的投射灯。

照片中没有出现书桌，一般用台灯来确保手边的亮度。

照明用轨道上的投射灯可以拆下，也能追加新的投射灯。

照明用轨道所能追加的投射灯数量，取决于事先确定好的配线计划。假设轨道只有一条，并且用单独的电路连接到断路器，则最多可以加装到1500 W（15 A）。一般会将照明与插座等数个负荷整理在同一个电路里面，因此一条1000 mm的轨道上可装设2~3盏灯具。

建筑设计/大岛芳彦、吉川英之（Blue Studio）

卧室必须注意让人不舒服的亮光

卧室的整体照明会用壁灯或落地灯来形成间接性的光芒，让整体空间形成比较暗的气氛。将照明器具装在天花板时，要避免让光源从枕头的位置直接被看到，以免躺在床上的时候出现刺眼等令人不舒服的亮光。

枕边装上能用来照亮手边的灯具，可以增加生活上的便利性。活用壁灯或落地灯，装在头部不会形成阴影的位置。如果房间的空间不大，在枕边装上全方位扩散型或半直接型的落地灯（请参阅第 30 页），就可以照亮整个房间。如果使用装有不透光灯罩，只有下方露出光的灯具，则可以和壁灯或间接照明进行组合，以维持房间整体照度的均衡性。枕边的照明器具可以装在床垫上方 600~750 mm 的高度。

卧室照明的三项基本要素

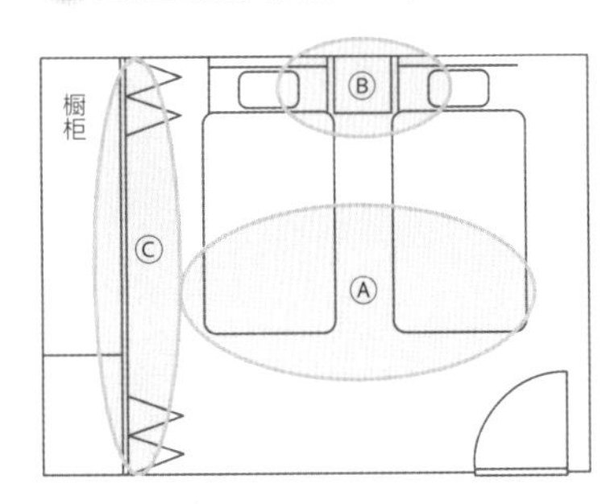

- 卧室照明大多由以下三个要素构成：
  Ⓐ整体照明；
  Ⓑ枕边的局部照明；
  Ⓒ橱柜的局部照明。
- Ⓐ一般会使用扩散光型的天花板灯或筒灯。
- Ⓑ若是使用间接照明或台灯，可以形成氛围沉稳的卧室。
- Ⓑ 使用间接照明的场合，光源可以选择灯泡色LED灯或日光灯。若是使用台灯，光源则是灯泡色LED灯。两者都可以进行调光，以便增加生活上的便利性。
- Ⓒ 用来照亮橱柜内部，天花板上没有装设整体照明时可以使用。灯具可以装在橱柜内部或是外面。
- 在床边装设脚灯，可以提高夜晚活动时的便利性。

橱柜装设照明的方法

① 装在外面

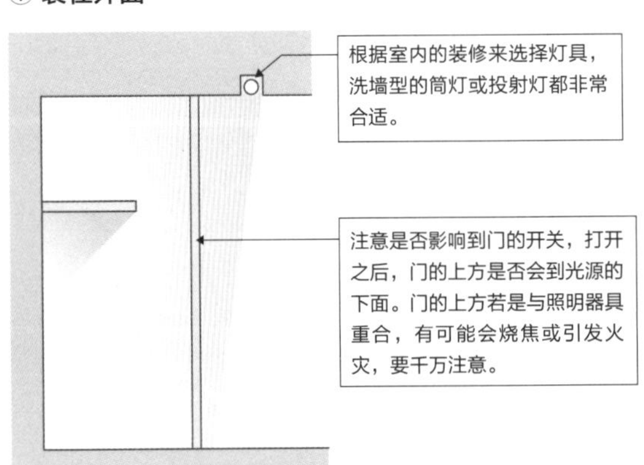

② 装在内部

设计照明时的注意点

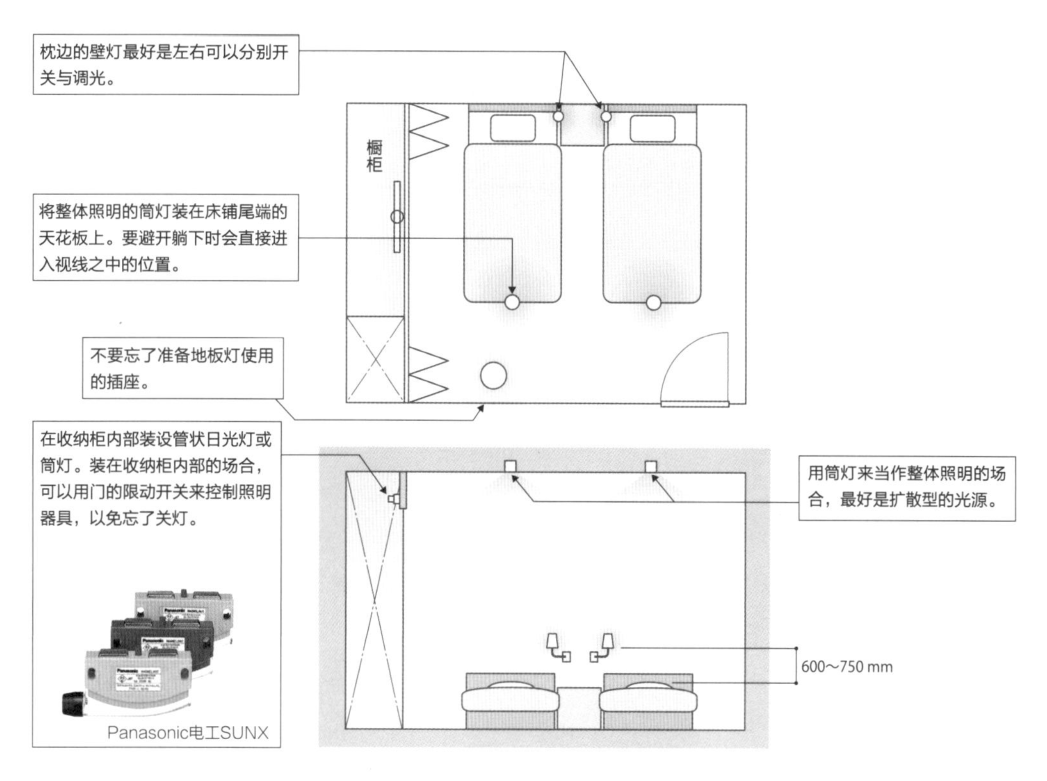

Panasonic电工SUNX

卧室的照明案例

大光电机

走廊要考虑到深夜的照明

走廊最需要重视的是行走时的安全性。根据日本工业标准规定的照度标准，走廊必须拥有 30 ~ 75 lx 的照度。从这个规定可看出，走廊所需要的亮度其实不高。但除了必须具备长明灯（常夜灯）的功能之外，还必须让光照到墙壁上，让人可以看到走廊的尽头。此外，还得让人在夜晚去厕所时，活动起来没有任何的不安，且不会亮到让人失去睡意，因此建议使用 5 W 左右的脚边照明。

设计照明时的注意点

基本照明原则上会使用筒灯或壁灯。把光打在正面的墙壁上，可以降低空间的闭塞感。深夜时一般不亮，装设间隔为 1800 ~ 2000 mm左右。

在沿着卧室到厕所的动线装上脚灯。装设位置的标准为地板往上约300 mm。夜晚只将脚灯点亮，可以让人安全地上厕所，又不会因为太亮而完全醒过来。

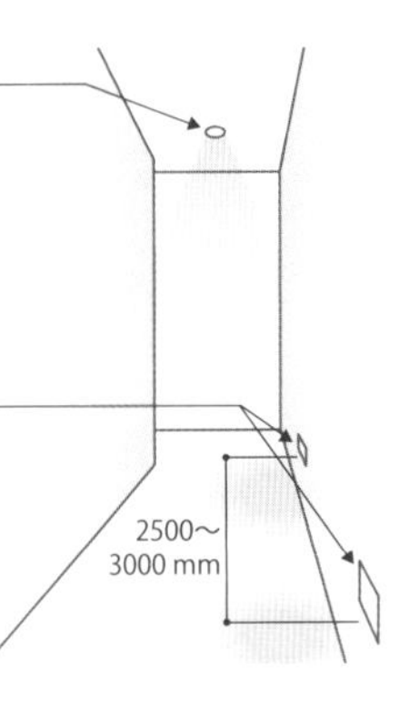

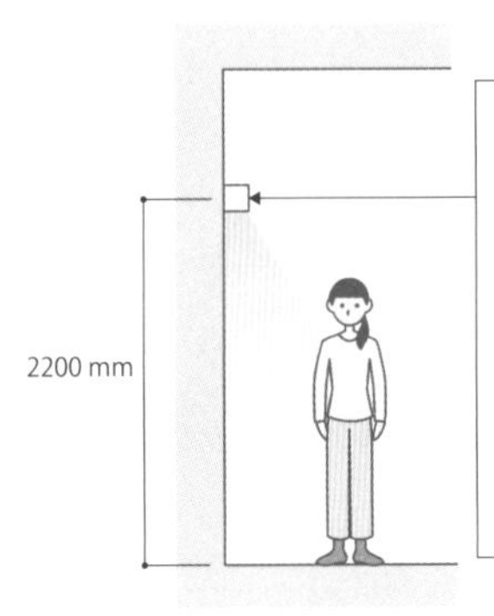

将壁灯装在2200 mm高度的场合，灯具之间的间隔可以调整为2500 mm左右，以此得到均等的亮度。但是，光的扩散方式会随着灯具大小和光源的瓦数变化而变化，必须按照实际状况进行调整。

走廊的照明案例

在各个房间出口的右边装上一盏照明器具，在提供走动所需的照明的同时，又能让人看到房间的位置。

建筑设计/住吉正文（FARO Design一级建筑师事务所）

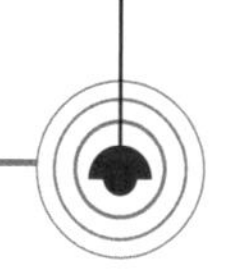

楼梯要考虑到上下的安全

楼梯的照明必须要有足以确保上下楼梯安全的亮度。特别是在下楼梯的时候，如果光源造成刺眼的感觉，或是因为自己的影子让高低差变暗，都有可能发生踏空而跌倒的意外。光源不会被直接看到的间接照明，可以成为有效的楼梯照明，但高低差所产生的阴影较弱，造成危险的可能性并非完全不存在。比如用深色的地毯覆盖楼梯，有可能因为阴影较弱的关系，看起来像是斜坡一般。为了避免这样的危险，建议在楼梯附近的墙上连续地配置光源，只照亮脚边。这种做法必须在建筑设计的初期阶段就着手进行设计。

设计照明时的注意点

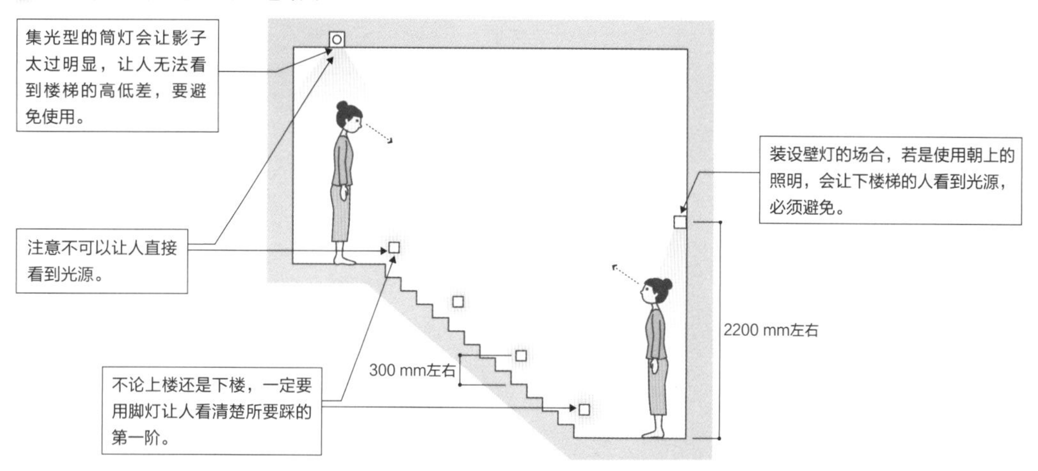

楼梯照明的案例

建筑设计/住吉正文（FARO Design一级建筑师事务所）

玄关要考虑到家中的第一印象与安全

室外玄关是访客对一个家庭产生第一印象的地点，重要性自不必多言，最好用照明让人感受到温暖又亲切的气氛。但玄关外的照明，同时也必须具备防盗功能。一般会在门的两侧或单侧的墙壁装上壁灯。如果有可能受到下雨的影响，则必须选择防雨、防滴型的器具。光源若是使用 40 ~ 60 W 的白炽灯泡（该瓦数的白炽灯泡在国内已淘汰），可以加上乳白色的球形灯罩。透明灯罩会让眩光太过强烈，并不适合使用。另外，有时会在屋檐下方装设筒灯，但光线会让脚部的亮度不足，建议和壁灯一起使用。

用充满欢乐气氛的亮光来迎接访客的玄关内部，一般用附带反射镜的无眩光筒灯来当作整体照明，另外，用埋入型的投射灯来突显出绘画、观赏用植物、雕刻等装饰品。

设计照明时的注意点

将壁灯装在1800~2000 mm左右的高度。有对讲机的场合则装在对讲机上方，这样可以照亮访客的面孔，让摄像头可以清楚地拍到客人。

也可以利用鞋柜下方来装设间接照明。装设位置大约距离地面300 mm。但地面如果是瓷砖或花岗岩等具有光泽的材料，则会出现照明器具的反射倒影，必须结合地板材料一起思考照明的种类。

屋檐下的筒灯必须选择防雨、防滴型的灯具。玄关内部照明的装设位置，在入门台阶的正上方。集光型的筒灯会让脸部产生较重的阴影，必须避免。

将照明装在入门台阶高低落差之中的场合，要事先确认好尺寸，看灯具是否确实可以被容纳。建议使用LED灯等薄型灯具，这样不会影响到入门台阶的尺寸。

玄关照明的案例

在鞋柜内部装上照明，可以在不提高玄关照度的状况下，兼顾功能与美感。

同时使用整体照明的筒灯和照亮脚边的入门台阶内的间接照明。

建筑设计/连合设计社市谷事务所 拍摄/垂见孔士

在屋檐下方装上筒灯，与壁灯一起使用。

Panasonic

门、过道、庭院必须确保夜景和路面的亮度

在住宅的外面，首先必须在门柱上装上照明器具，使门牌在夜晚也能被人看到。如果门铃上装有摄像头的话，则在照亮门牌的同时，也要照到访客的脸。从大门通往玄关的过道，则须将脚边照亮，让人可以顺着照明走到门前。考虑到会对邻居家产生影响，灯具高度应距离地面 300 ~ 600 mm。

庭院则是依照大小来改变照明。若庭院较窄，可以选择高度 1000 mm 以下的低高度庭院灯，灯具数量在 1 ~ 2 盏。若是较为宽广的庭院，则使用成组的室外用投射灯，通过照明让树木或雕刻等装饰品可以被突显出来。

除了部分安保用的照明之外，访客来探访欣赏庭院的时候，最好将照明全都点亮。

设计照明时的注意点

门柱灯要选择不会看到光源的类型，来降低刺眼的感觉。若是前方道路较窄、往来的人数较多，则不可使用玻璃制的灯具，以免因为行人撞到而破裂。

照亮树木等物体时，如果照明角度太大的话，会照到隔壁邻居的窗户，要多加注意。

光源最好使用灯泡型日光灯或LED灯等寿命较长的类型。

以2000 mm左右的间隔装设成组的灯具。

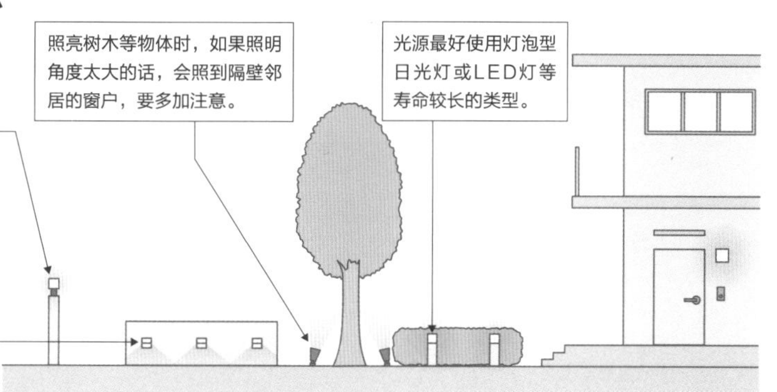

过道、庭院照明的案例

照片中的庭院，走在过道时可以获得良好的展示效果，因此，在墙上以大约1000 mm的间隔装设埋入式往上照明的灯具，让庭院和建筑获得统一感。

室外用的埋入型脚灯

Odelic

照亮树木用的投射灯

挑高构造要兼顾空间展示与维修上的便利

挑高的空间要活用整体高度来进行空间性的展示。比如用筒灯来照亮天花板边缘墙壁，可以让人更进一步地感受天花板的高度。考虑到维修上的便利，一般要避免将灯具装在天花板上，如果必须要装的话，建议使用寿命较长的 LED 光源，且可以确保地面照度的集光型灯具。能够通过更换灯泡专用的长竿来交换光源的筒灯，也是解决方案之一。不论哪一种款式，将来都得更换灯具或光源，要务必事先想好对策。

选择灯具的时候，最重要的是要仔细阅读产品目录上的配光图，找出适合自己使用的款式。考虑到维修的问题，建议使用吊灯，或是往上照亮天花板的灯具。

设计照明时的注意点

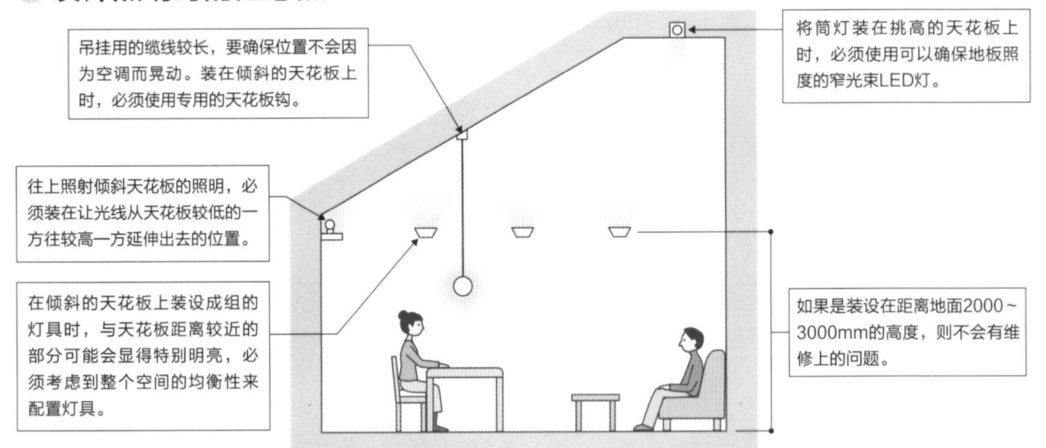

挑高照明的案例

大光电机

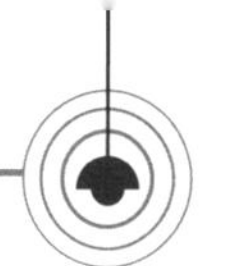

车库内要注意车辆与照明的位置

车库内的照明，若是考虑到完美呈现车辆，则必须具备展示间一般的要素。若是客户喜欢自己改装车辆，就必须保证有充分的照度来进行该项作业。但车库内部装修如果是白色等明亮的颜色，用强烈的投射灯照射时有可能会出现反光，使得天花板或地面染成车身的颜色。即便是在室内，如果必须在车库内洗车的话，得选择防水型的灯具。光源要尽量避免装在车子的正上方，将来若是换成较高的车型，有可能会使灯具被车身遮住。若是集合住宅，更换光源时可能得请他人移动车子，无形中会影响到与其他住户之间的关系。

设计照明时的注意点

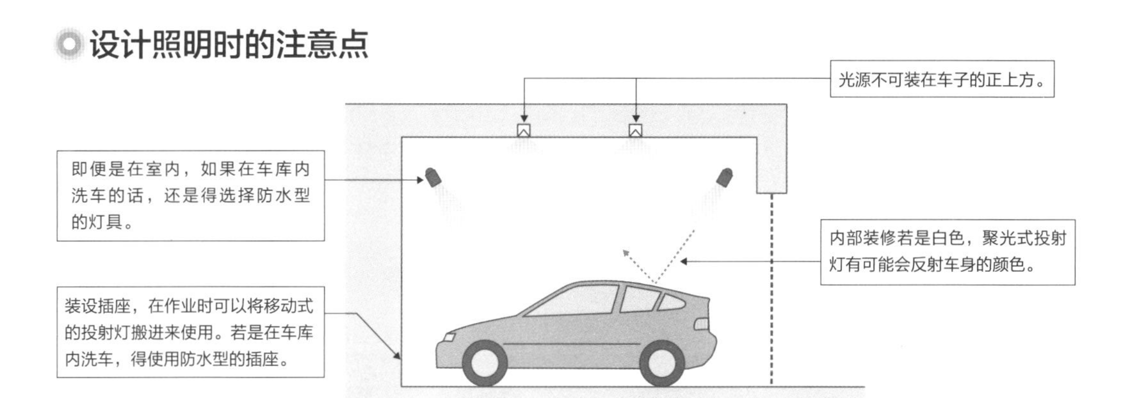

车库照明的案例

KOIZUMI照明

高龄者的视觉特征与照明设计

人类的视力很容易受到亮度的影响，特别是高龄者，太暗的话更不容易看到东西。进行照明设计的住宅如果有高龄者居住，必须下功夫确保更高的照度，以免日常生活出现任何的不安与不便。

高龄者的建议照度

日本工业标准照度标准对住宅等居住设施规定有所需要的照度。让我们以此来与高龄者所需的照度进行比较。

根据日本工业标准的规定，书房、餐厅、厨房、厕所、楼梯、走廊等地点的整体照明，都必须要有 30 ~ 100 lx 的照度（①）。高龄者在这些地点进行日常活动，若要没有任何障碍的话，则需要 50 lx 以上的照度（②）。按照一般照明计划来进行照明就没有问题。

但如果要进行特定活动的话，则需要更进一步的考量。比如一般读书所需的照度为 500~1000 lx（③），而高龄者则需要 600~1500 lx（④）。只用整体照明无法达到这个标准，因此会用 50 lx 的整体照明来搭配落地灯、台灯等灯具，以一个房间使用成组照明的方法来应对。

住宅的日本工业标准照度标准与高龄者的建议照度

日本工业标准照度标准 · 住宅

整体照明		局部照明		
地点	照度（lx）	作业内容	照度（lx）	
儿童房、读书室 家事间、工作室	75 ~ 150	手艺、裁缝、缝纫	750 ~ 2,000	
		进修、读书	500 ~ 1,000	
浴室、衣帽间 玄关（内侧）		刮胡子、洗脸、化妆	200 ~ 500	
		洗衣、脱鞋	150 ~ 300	
书房 ①	50~100（深夜的厕所/1~2）	读书、阅读	500 ~ 1000	③
餐厅、厨房、厕所 ①		料理台、操作台、餐桌	200 ~ 500	
客厅 接待室（西式） 接待室（日式） ①	30~75（深夜的楼梯/1~2）	打电话、化妆、读书	300 ~ 750	
走廊、楼梯 ①		团聚、娱乐 桌子、沙发 和室桌、展示空间	150 ~ 300	
车库 ①		检查车辆、打扫	200 ~ 500	
庭院 ①		庭院派对、用餐	75 ~ 150	
卧室	10 ~ 30 （深夜/ 1 ~ 2）	读书、化妆	300 ~ 750	
防盗	1 ~ 2			

高龄者的建议照度

整体照明		
地点	照度（lx）	
客厅	50 ~ 150	②
走廊	50 ~ 100	②
门、通道、玄关外	3 ~ 30	
深夜的厕所	10 ~ 20	
紧急用	10	
局部照明		
作业	照度（lx）	
手绘、裁缝	1500 ~ 3000	
阅读	600 ~ 1500	④
料理台、餐桌、洗脸	500 ~ 1000	
化妆、洗衣服	300 ~ 600	
深夜步行	1 ~ 10	

高龄者的视觉特征与对策

- 从明亮的场所移动到黑暗的空间时，视力恢复能力降低 → 减少走廊与书房照度上的落差。
- 视觉特征个体差异很大 → 依照特定高龄者（客户或其家人）的特征在整体照明之中加上局部照明。
- 《日本建筑标准法》所规定的紧急照明为：地板照度1 lx以上 → 紧急时要让高龄者得到充分的照度，最好要有10 lx以上。

第 5 章

案例介绍

住宅照明的各种案例

到目前为止，我们对照明设计的重点和注意事项进行了说明，但在实际展开计划的时候，往往会出现许多预料之外的设计。本章我们通过实际住宅案例，介绍如何将基本的照明计划活用到建筑设计之中。

天花上没有照明器具的住宅

姬宫住宅：地上一层，总建筑面积171.30 m²
设计：高桥坚建筑设计事务所

只有一层楼的姬宫住宅设计时的基本理念，是如何创造出未经设计的空间。室内广阔的空间内没有使用任何隔断，因而增强了覆盖的巨大屋顶与支撑用的外墙、梁柱等的存在感。为了保留这分存在感，天花板上没有装设任何的照明器具，所有光源都装设在墙壁上。而灯具数量也维持在最低限度，尽可能使用精简的款式。

起居空间 · 瑜伽室

在没有隔断的空间中，用照明来划分区域

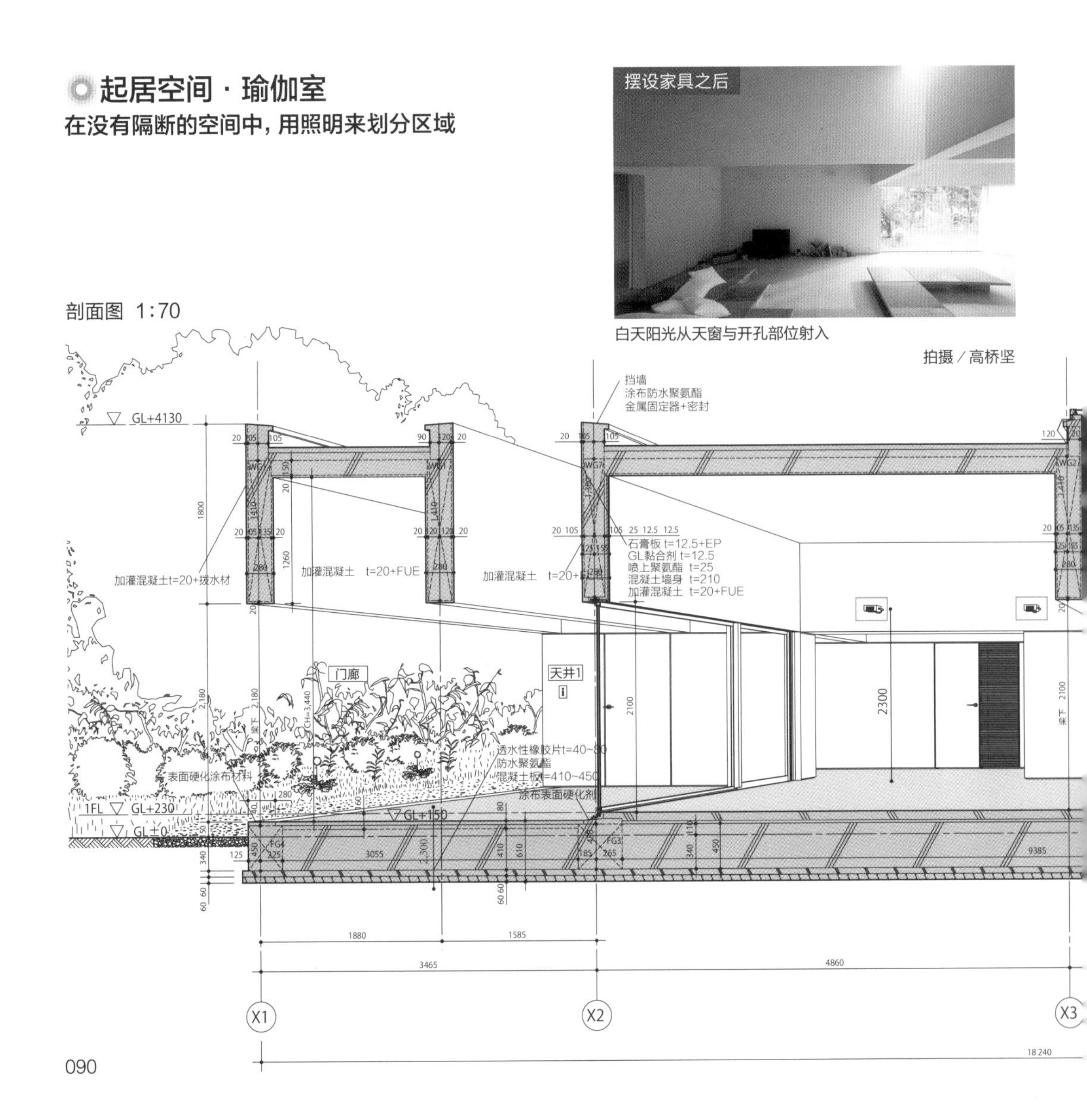

白天阳光从天窗与开孔部位射入

拍摄／高桥坚

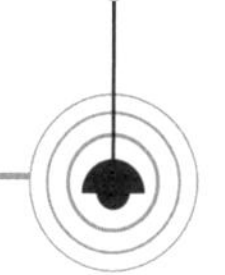

被梁所围起来的各个区域可以分别进行调光，建议以亮度将没有隔断的一个房间划分成不同的区域。

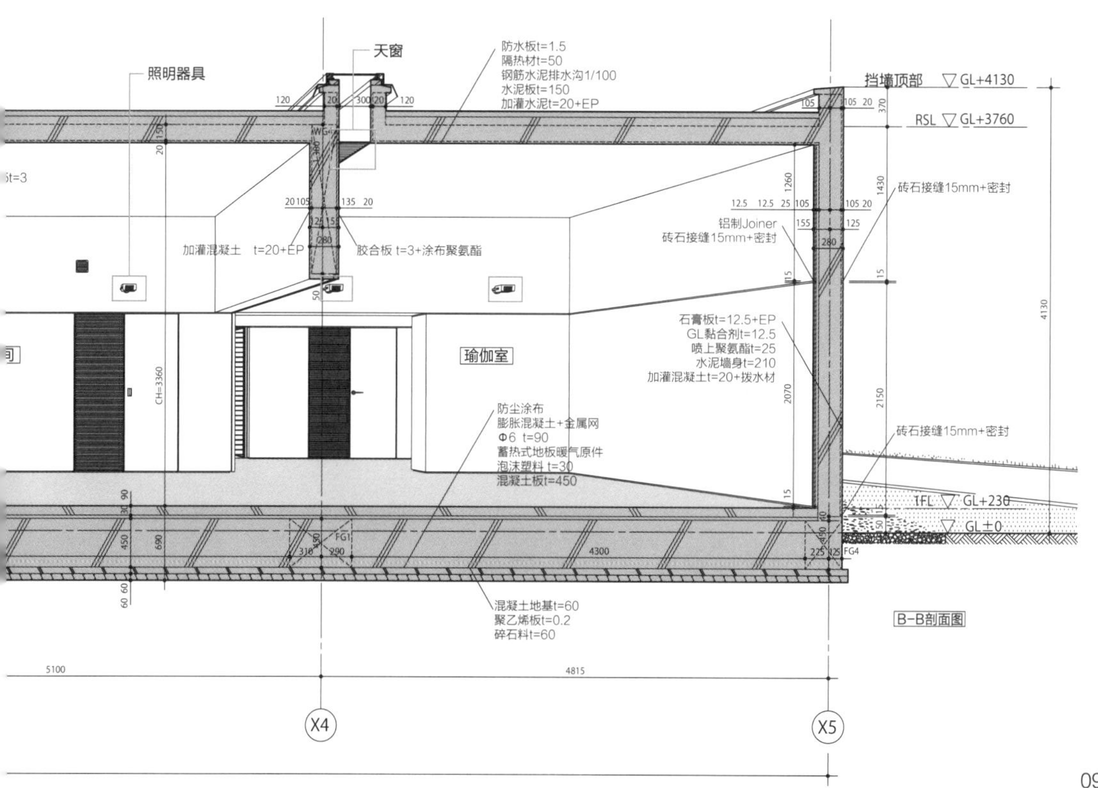

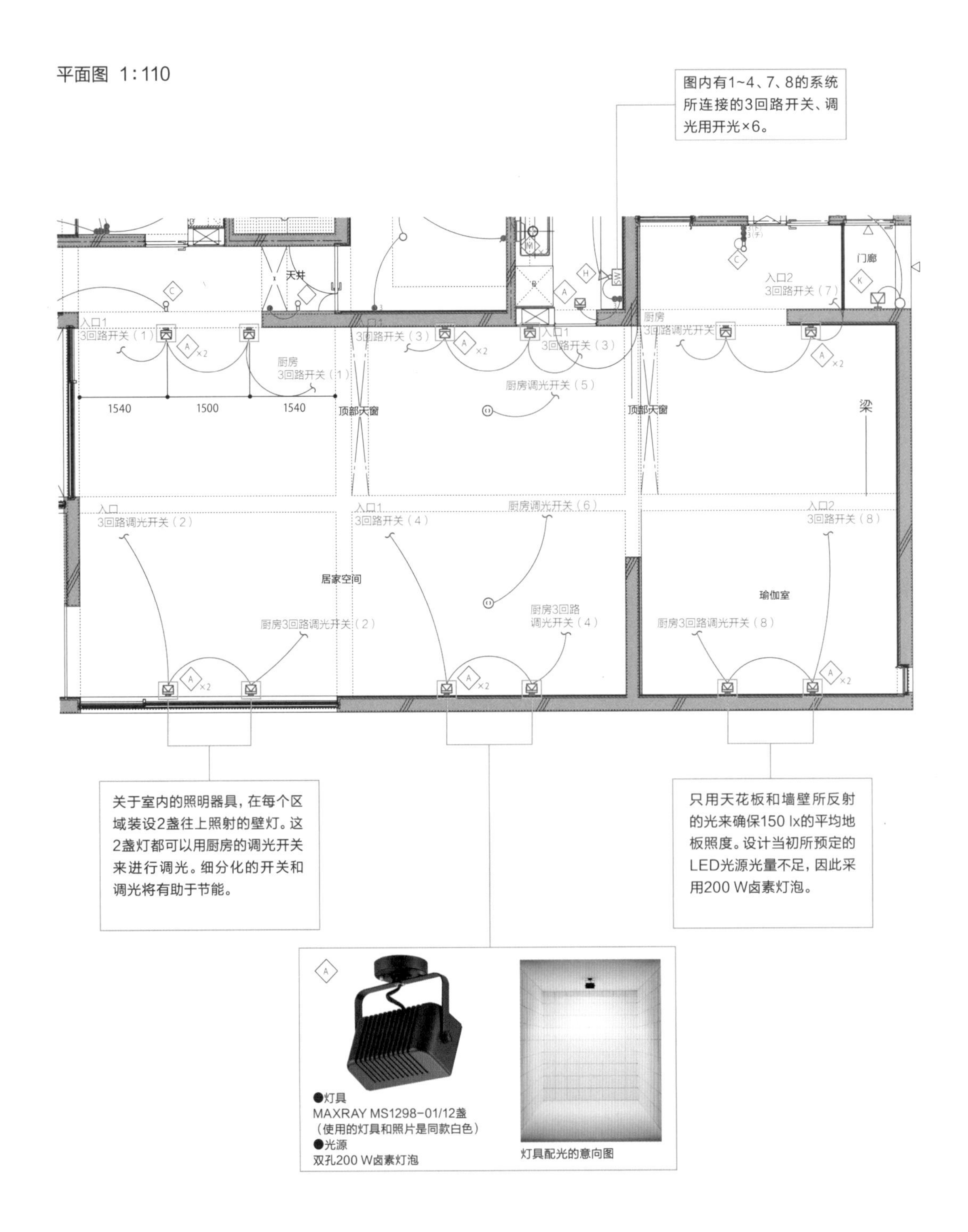
平面图 1:110
图内有1~4、7、8的系统所连接的3回路开关、调光用开光×6。
天井
门廊
入口1
3回路开关（1）
厨房
3回路开关（1）
入口1
3回路开关（3）
入口1
3回路开关（3）
厨房
3回路调光开关
入口2
3回路开关（7）
厨房调光开关（5）
1540
1500
1540
顶部天窗
顶部天窗
梁
入口
3回路调光开关（2）
入口1
3回路开关（4）
厨房调光开关（6）
入口2
3回路开关（8）
居家空间
瑜伽室
厨房3回路调光开关（2）
厨房3回路
调光开关（4）
厨房3回路调光开关（8）
关于室内的照明器具，在每个区域装设2盏往上照射的壁灯。这2盏灯都可以用厨房的调光开关来进行调光。细分化的开关和调光将有助于节能。
只用天花板和墙壁所反射的光来确保150 lx的平均地板照度。设计当初所预定的LED光源光量不足，因此采用200 W卤素灯泡。
●灯具
MAXRAY MS1298-01/12盏
（使用的灯具和照片是同款白色）
●光源
双孔200 W卤素灯泡
灯具配光的意向图

门廊：配合室内照明，让室内外的呈现方式统一

门廊的灯具也是照向天花板，让室外和透过玻璃可以看到的室内拥有同样的气氛。

拍摄／新建筑社摄影部

平面图 1:95

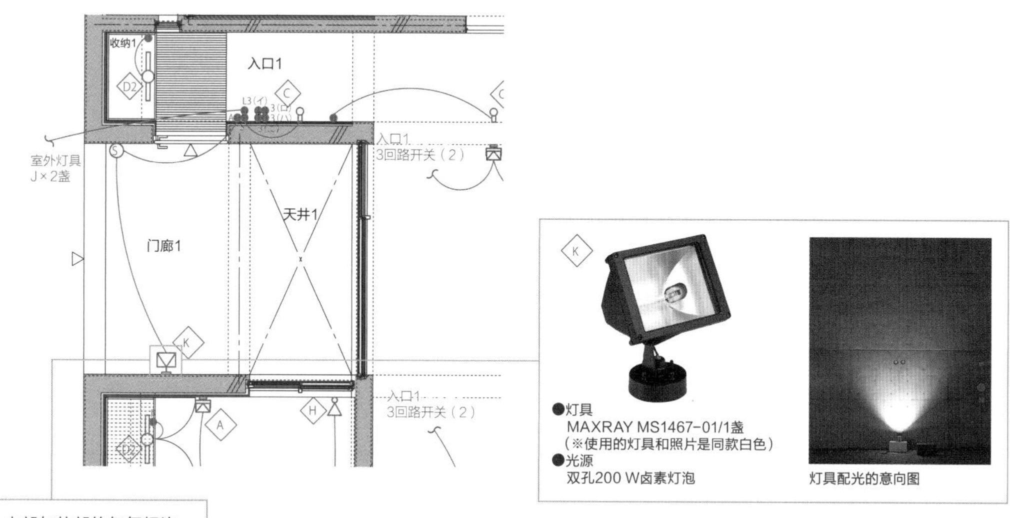

灯具配光的意向图

内部与外部的气氛相连，因此，将室内使用的灯具改成室外也能使用的规格，以照亮门廊。

使用光源连续排列的住宅

作者之家：两层建筑，总建筑面积449.31 m²
设计：住吉正文（FARO Design一级建筑师事务所）

作者之家是为以笔耕为生的客户和与他共同生活的工作伙伴而设计的住宅。为了满足保护客户隐私的需求，却又不会让房间产生闭塞感，因此在建筑物中央设置了中庭，将各个房间分配在中庭周围。利用环绕住宅内部一周的走廊，将各个房间与共用的客厅、餐厅连在一起。途中还配置有家庭剧院，使其成为激发客户创作欲望的最佳场所。

照明设计则以光源连续排列为重点，将同样的灯具装在串联整体建筑的走廊上，以此产生一体成型的氛围，使走在屋子内部的人有连续不间断的感觉。

走廊 1、4：连续性的点状光源，强调空间的延伸性

走廊1、4的一部分为高度两层楼的挑高天花板。使用透明的白炽灯泡让光可以延伸到天花板一方。

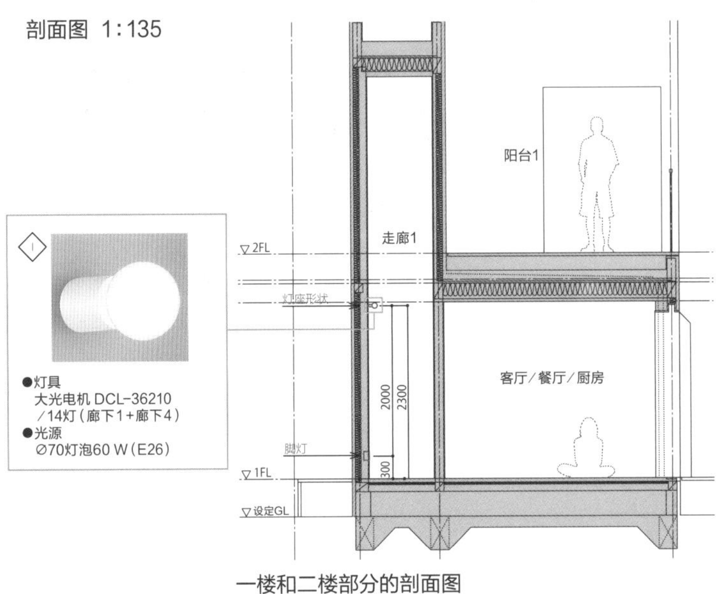

一楼和二楼部分的剖面图

灯座规格是极为普遍的透明白炽灯泡，刻意选择透明的白炽灯泡产生闪亮的感觉。这是LED灯和日光灯无法呈现的展示效果。

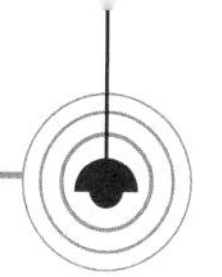

平面图 1:135

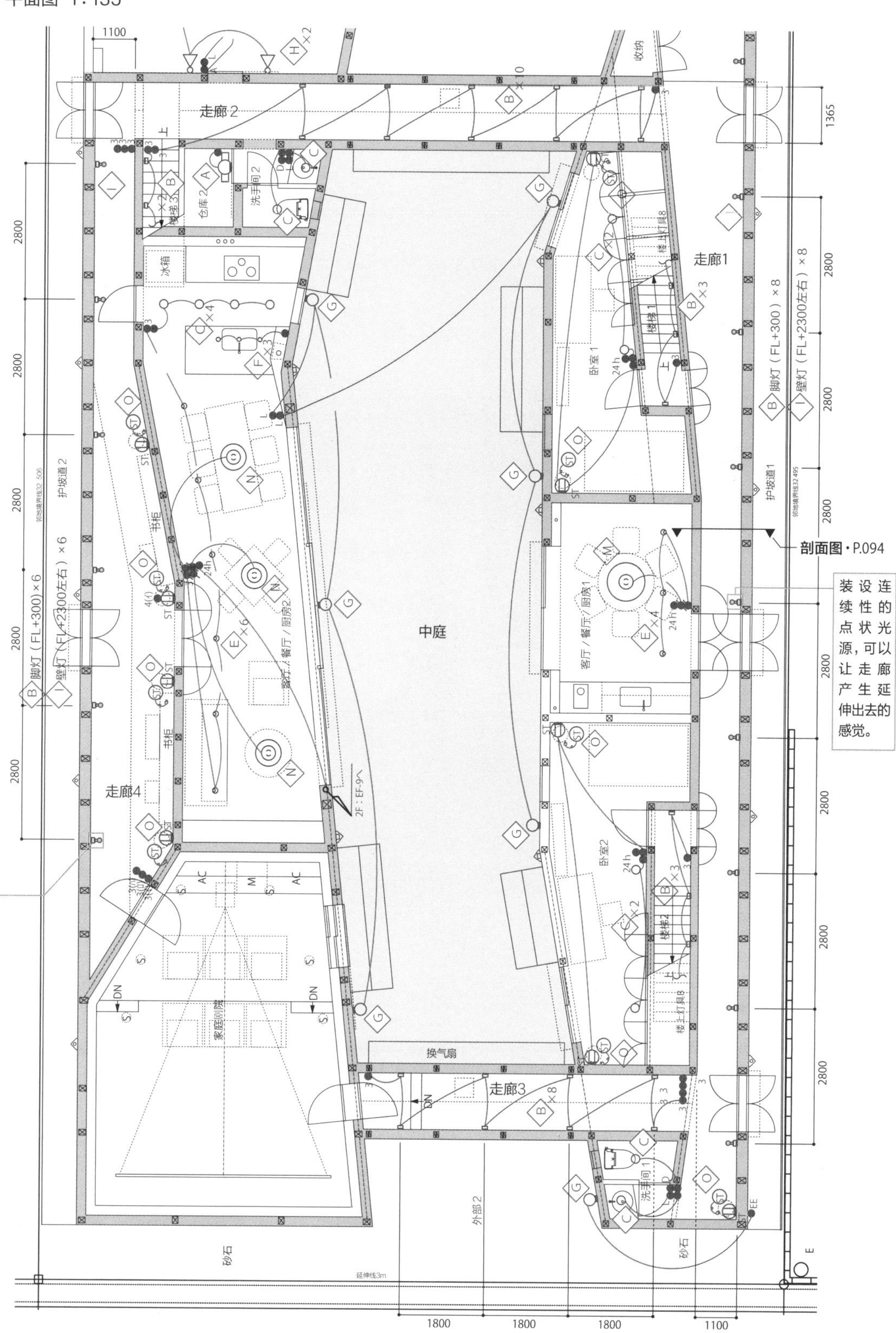

走廊2
走廊1
走廊3
走廊4
中庭
卧室1
卧室2
客厅／餐厅／厨房1
客厅／餐厅／厨房2
冰箱
仓库2
洗手间2
洗手间
楼梯1
楼梯2
书柜
换气扇
家庭剧院
收纳
护坡道1
护坡道2
外部2
砂石
延伸线3m
脚灯（FL+300）×8
壁灯（FL+2300左右）×8
脚灯（FL+300）×6
壁灯（FL+2300左右）×6
剖面图・P.094
装设连续性的点状光源，可以让走廊产生延伸出去的感觉。
1100
1365
2800
1800

走廊 2：只装设脚灯来避免较低的天花板给人造成的压迫感

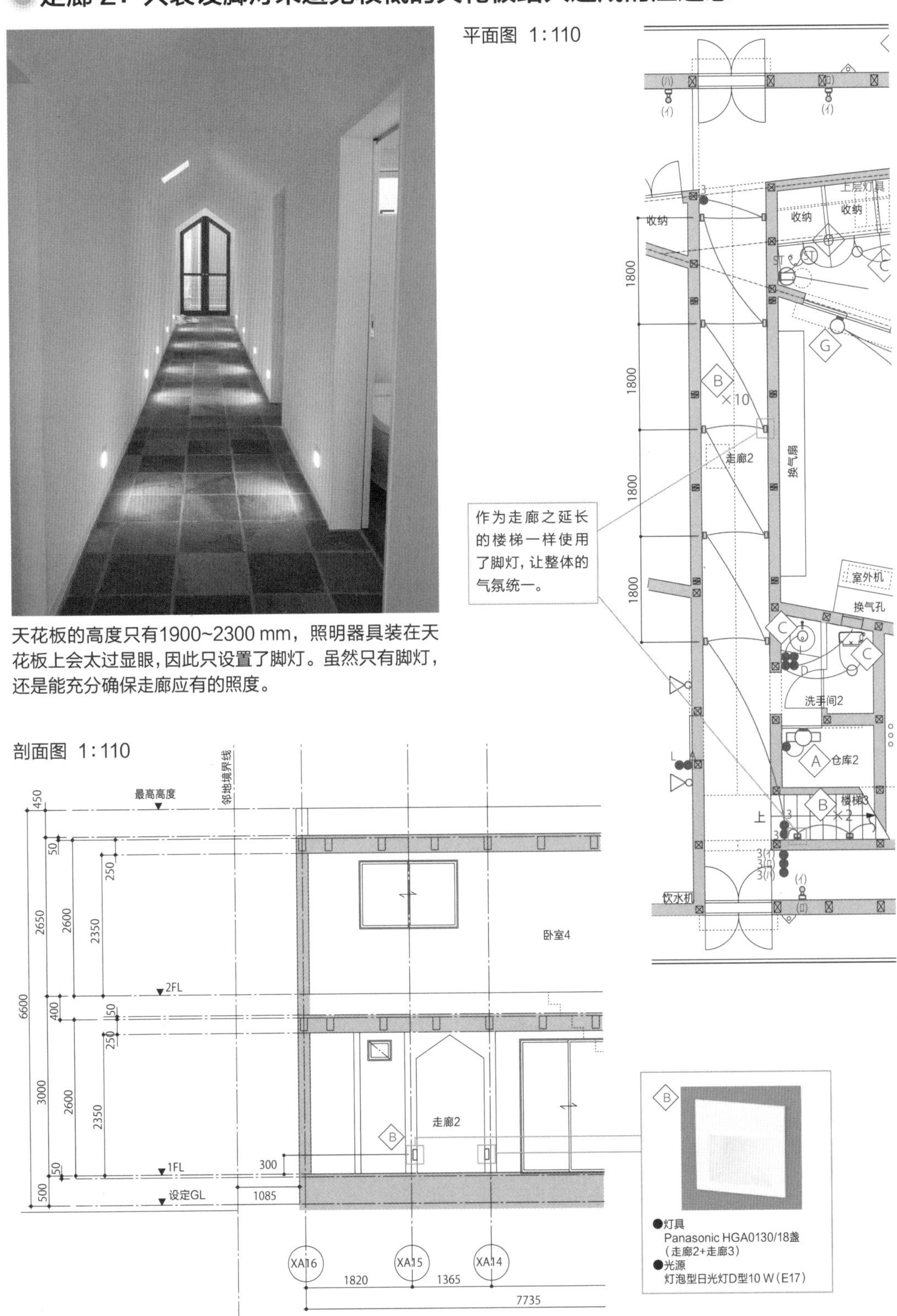

天花板的高度只有1900~2300 mm，照明器具装在天花板上会太过显眼，因此只设置了脚灯。虽然只有脚灯，还是能充分确保走廊应有的照度。

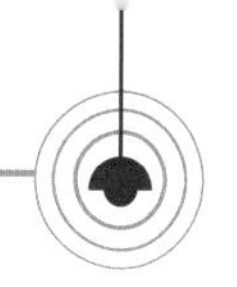

阳台：将照明器具的造型统一，达成与内部的连续性

连接二楼走廊和卧室的4号阳台，门与照明的位置关系让人联想到玄关。

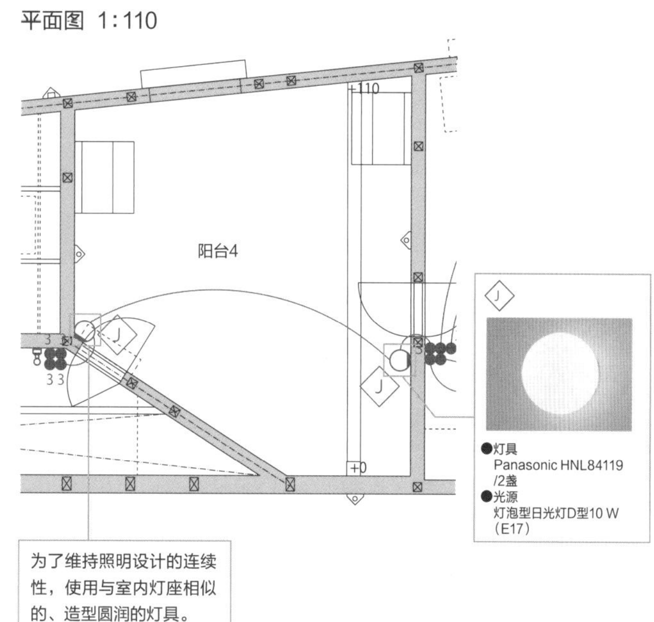

为了维持照明设计的连续性，使用与室内灯座相似的、造型圆润的灯具。

车库：依照停车方式改变照明器具的位置

在出入口侧面装设可以调整角度的投射灯。

平常大家不会在车库内洗车，因此可以选择室内用的照明器具。铁门采用卷到天花板的方式，因此不在天花板上装设照明器具。

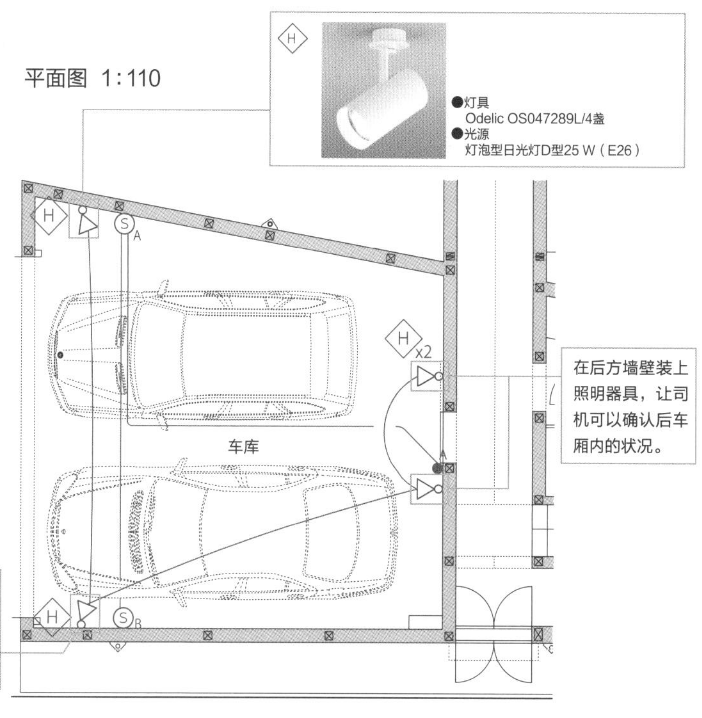

在后方墙壁装上照明器具，让司机可以确认后车厢内的状况。

1 照明的基础知识
2 住宅照明的设计流程
3 照明器具的安装与注意点
4 不同区域的照明设计要点
5 案例介绍
6 照明与节能住宅
7 未来的照明设计

客厅、餐厅：用整体照明和局部照明来营造出空间的主次

窗户较大，天花板高度为3300mm的建筑的核心空间，也是用户集中的空间。

平面图 1:125

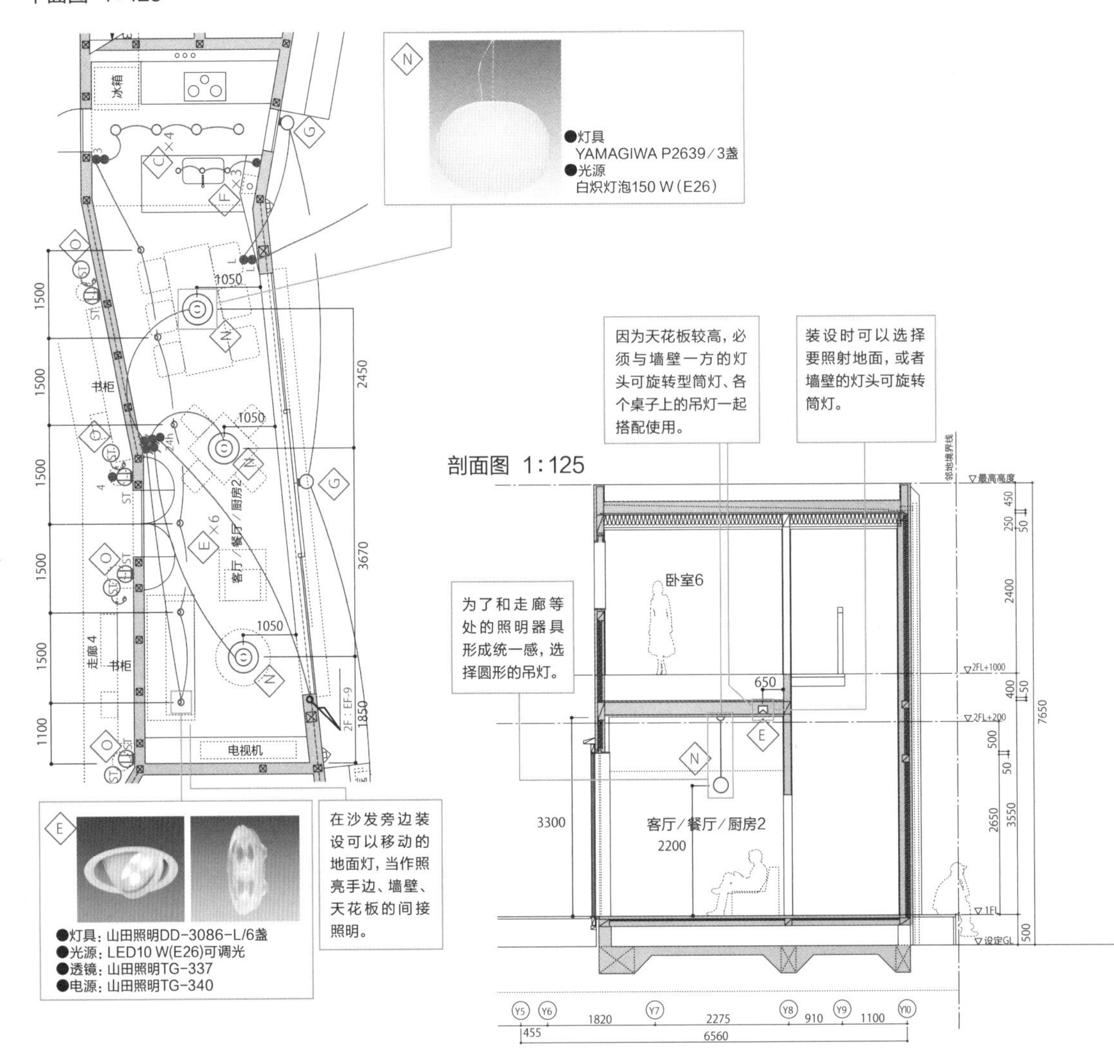

卧室：兼具收纳和休闲的功能

卧室与收纳内部，兼具二者照明效果的筒灯。

平面图 1:110

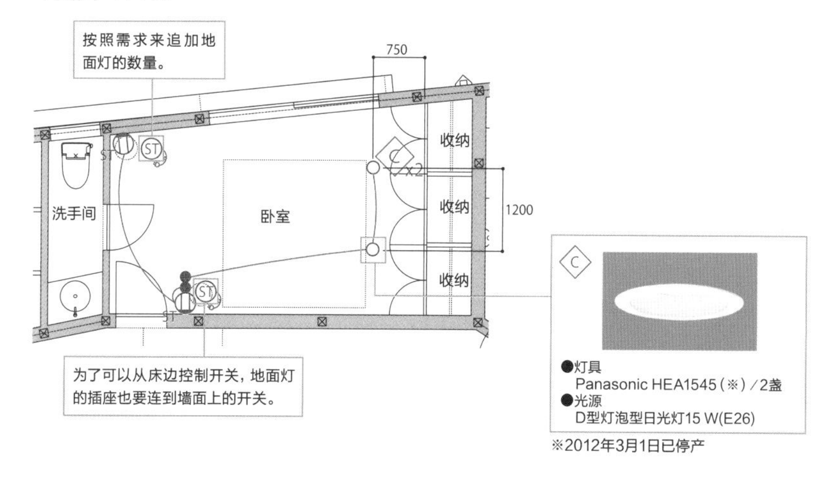

剖面图 1:110

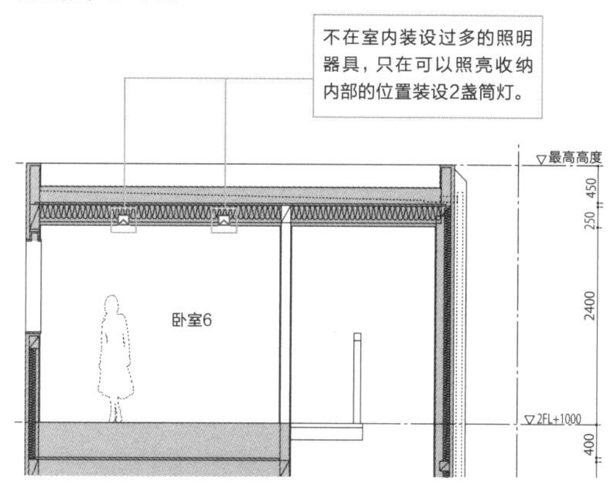

客厅挑高的住宅

Mingle Gym：地下一层、地上两层建筑，总建筑面积94 m²
设计：大岛芳彦 吉川英之(株式会社blue studio)

Mingle Gym 住宅的部分空间有与阁楼共享的开敞挑高设计，为了增加生活上的乐趣，特意设置了攀爬架，可供小孩上上下下进行攀爬活动。为了让客户一边生活，一边按照喜好创造出属于自己的照明空间，通过配线槽（照明用轨道）等设备来提高照明的自由度。

客厅：通过配线槽来确保照明的自由度

因为使用配线槽，即便改变家具的摆放位置，也能简单地进行调整。

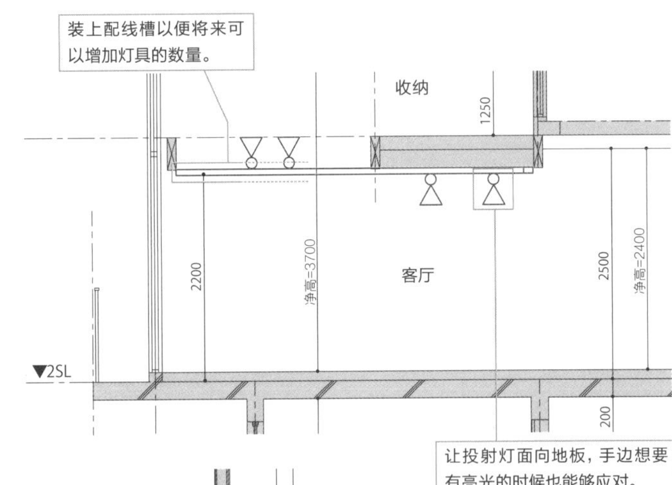

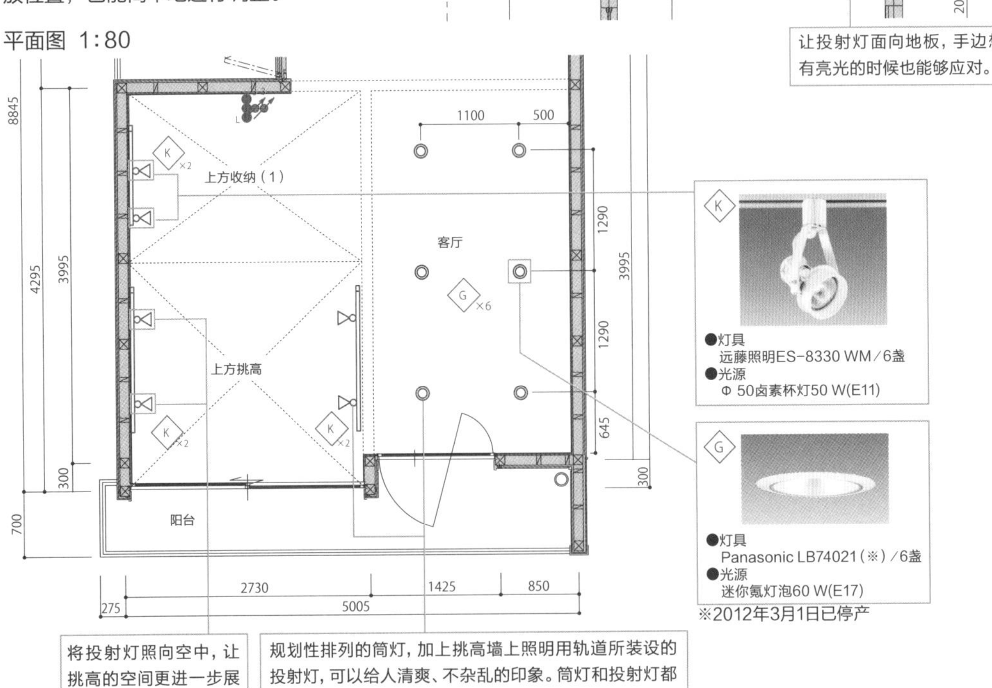

厨房：整体照明、局部照明都使用筒灯

在吊挂式橱柜的底部装上筒灯，可以给人整洁、清爽的印象。

在天花板上装设整体照明用的筒灯，在吊挂式橱柜的底部则装设局部照明用的筒灯。

平面图 1:80

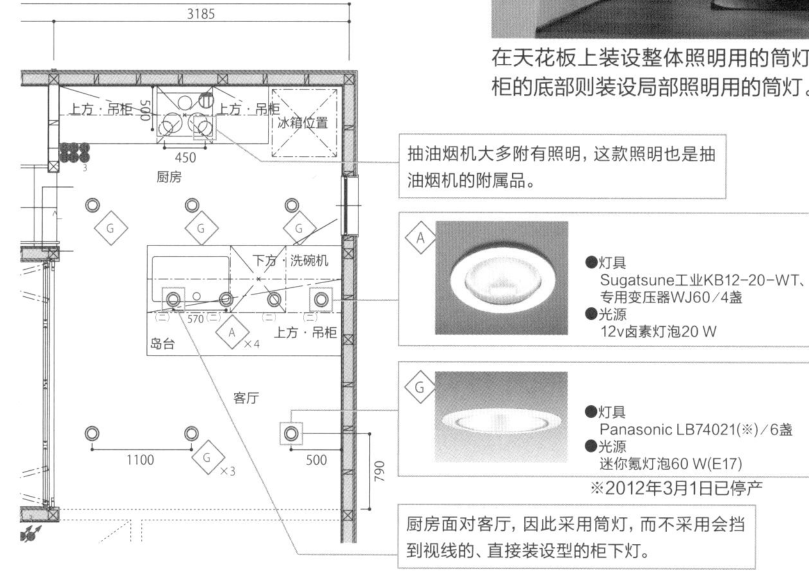

剖面图 1:80

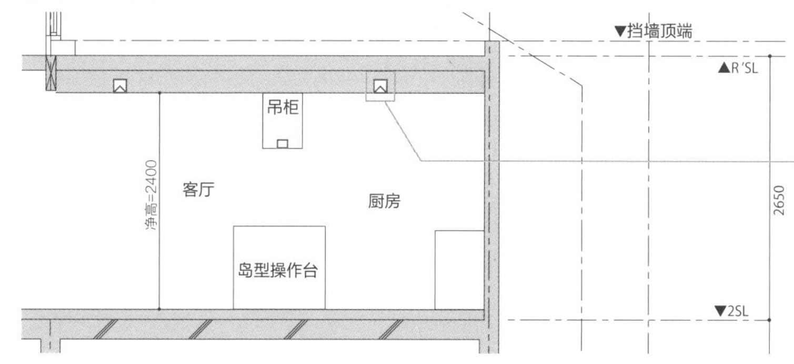

儿童房：可灵活调整的照明

让人可以分别使用天花板灯与配线槽（轨道）上的投射灯。

平面图 1:80

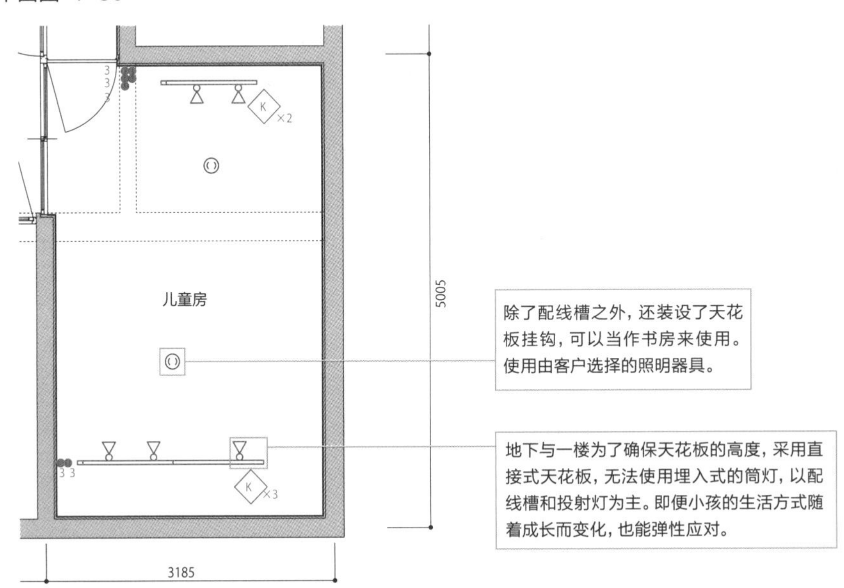

剖面图 1:80

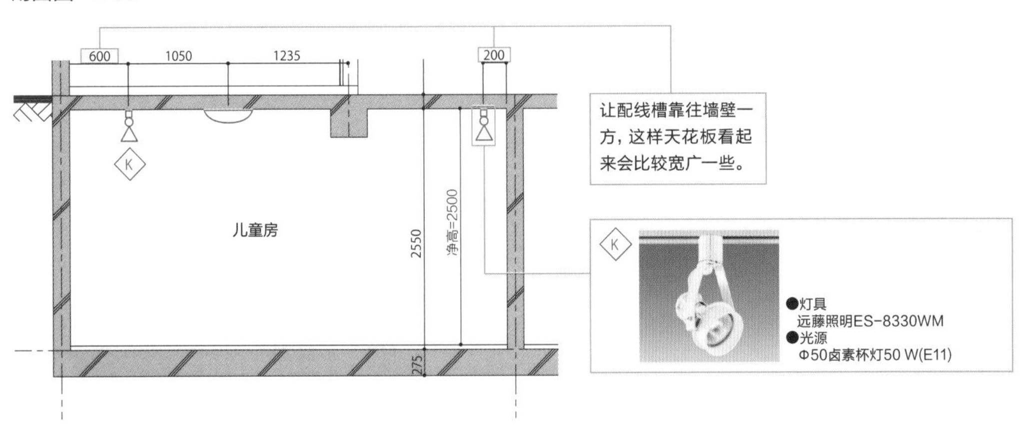

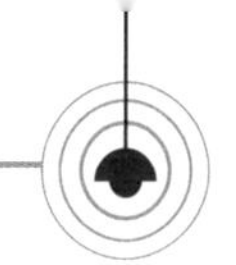

洗手间：设计出功能性的照明

在洗脸台装有镜子的收纳柜下方加上间接照明，形成星级饭店一般的气氛。

在洗脸台装有镜子的收纳柜下方设置间接照明，和天花板的筒灯一起，成为上下都有光源的构造。

平面图 1:50

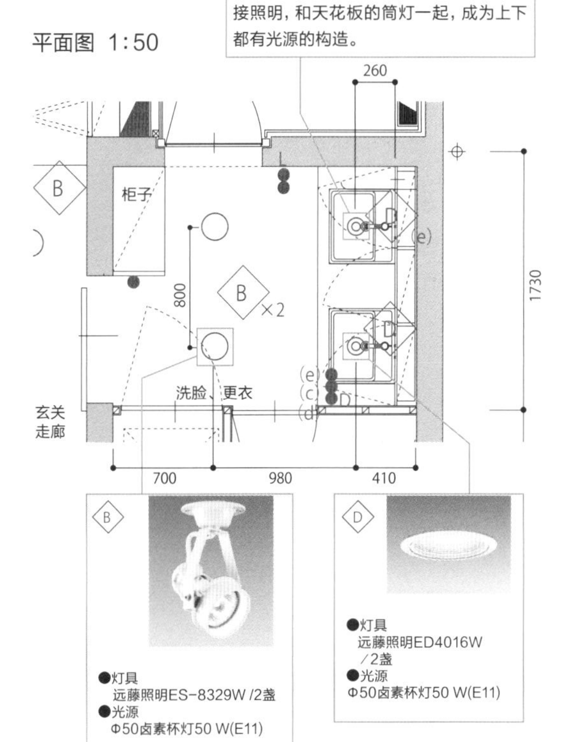

剖面图 1:50

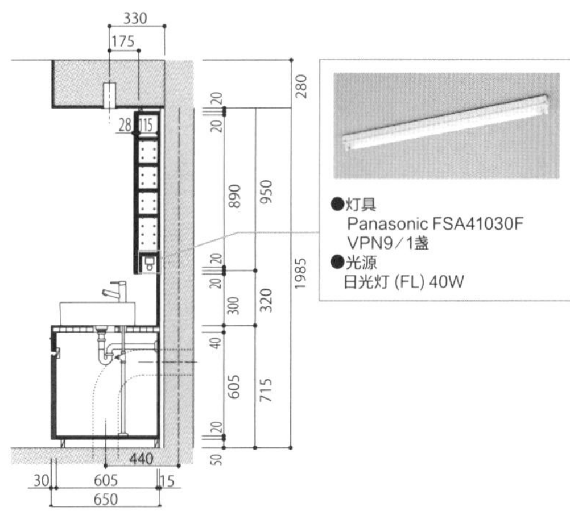

用精简的照明器具来实现兼顾美观的住宅

石神井Pleats：地下一层、地上三层，总建筑面积538.52 m²
设计：塚田真树子 建筑设计（部分为Infill设计：清水知和）

由 6 户集合住宅所构造而成的石神井 Pleats，名称中的“Pleats”指的是住户之间所划分出来的空间，由此处让自然光照进去。因此不用装设大型的窗户，也能让内部得到充分的光照。另外，除了兼具结构与完工表面的混凝土区域之外，尽可能都涂成白色，以提高采光的效率。各个住户都统一使用精简的照明器具，这是因为刻意将装饰省去的建筑，与极具设计感的灯具组合会给人不搭调的感觉。身为外部装饰，却又以内部装修来出现的混凝土块所拥有的色泽和质感，与白色的墙壁形成了强烈的对比，与精简的灯具非常相配。

客厅、餐厅兼厨房 1 ：配合朴素的装修来选择照明

厨房与收纳一体成型的设计。照明器具也采用简单的吊灯，以与整体环境相协调。

剖面图 1:75

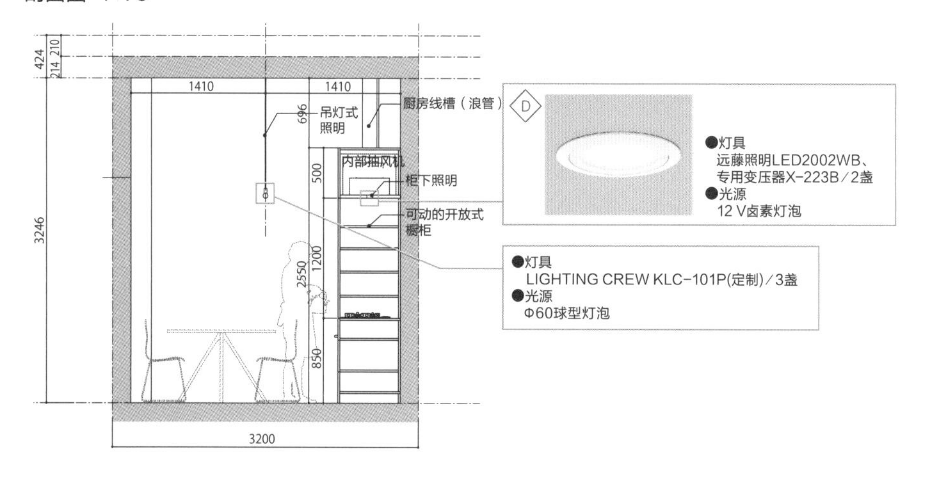

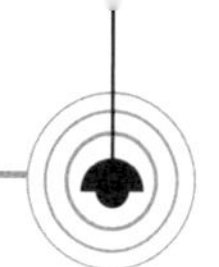

平面图 1:75

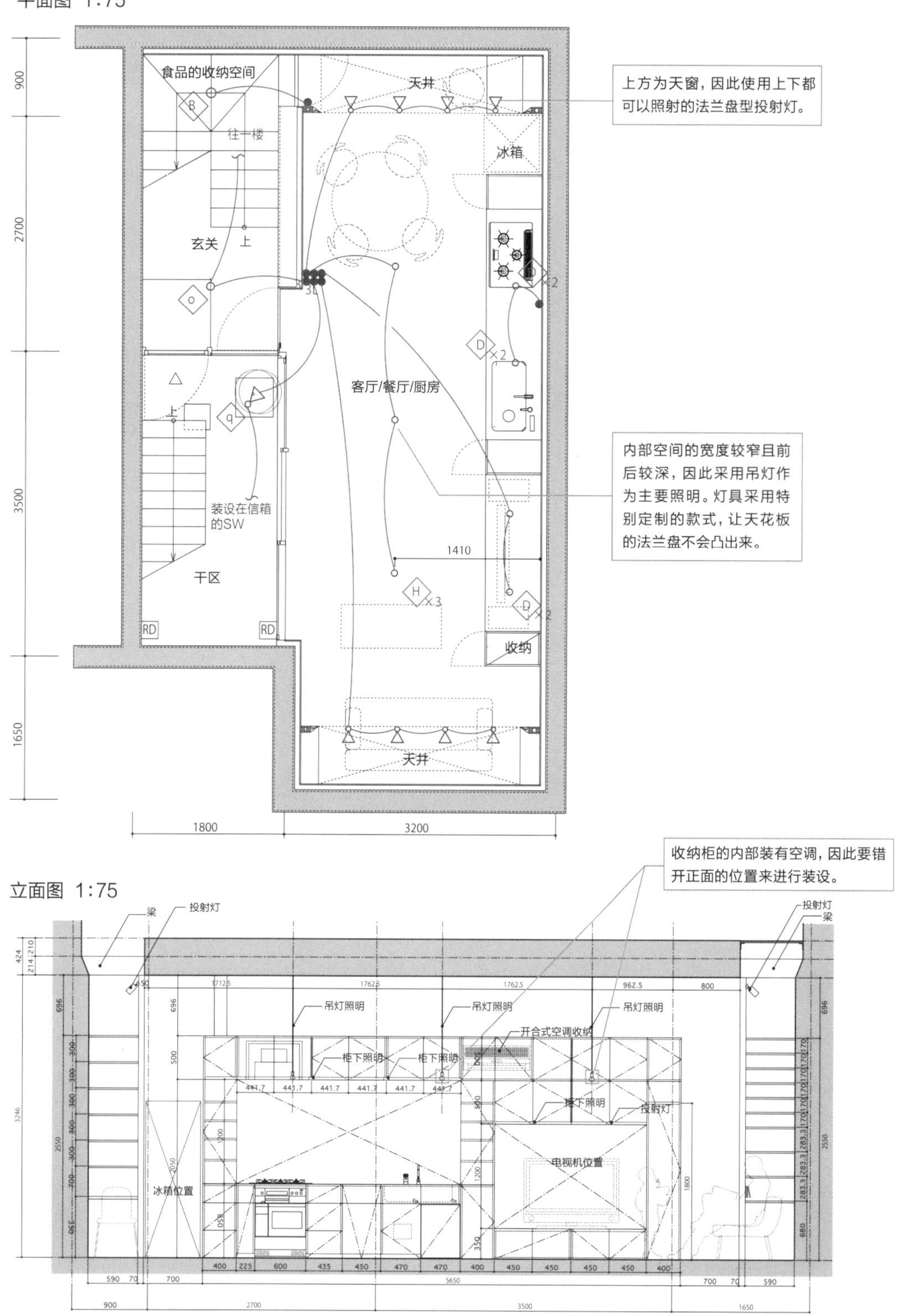
食品的收纳空间
天井
往一楼
冰箱
玄关
上
客厅/餐厅/厨房
装设在信箱
的SW
干区
RD
RD
收纳
1410
天井
900
2700
3500
1650
1800
3200
上方为天窗，因此使用上下都
可以照射的法兰盘型投射灯。
内部空间的宽度较窄且前
后较深，因此采用吊灯作
为主要照明。灯具采用特
别定制的款式，让天花板
的法兰盘不会凸出来。
收纳柜的内部装有空调，因此要错
开正面的位置来进行装设。
立面图 1:75
梁
投射灯
投射灯
梁
吊灯照明
吊灯照明
吊灯照明
开合式空调收纳
柜下照明
柜下照明
柜下照明
投射灯
电视机位置
冰箱位置
900
2700
3500
1650
5650

客厅、餐厅兼厨房 2：简单又灵活的照明

考虑到家具摆设等将来的可能性，所以采用照明用轨道的手法来增加灵活度。

剖面图 1:75

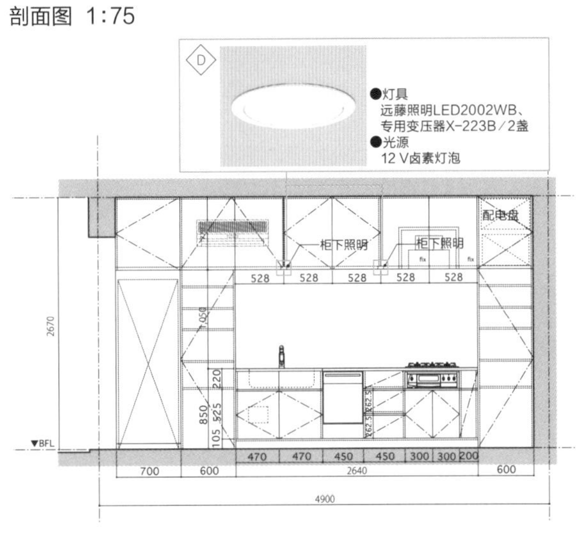

平面图 1:80

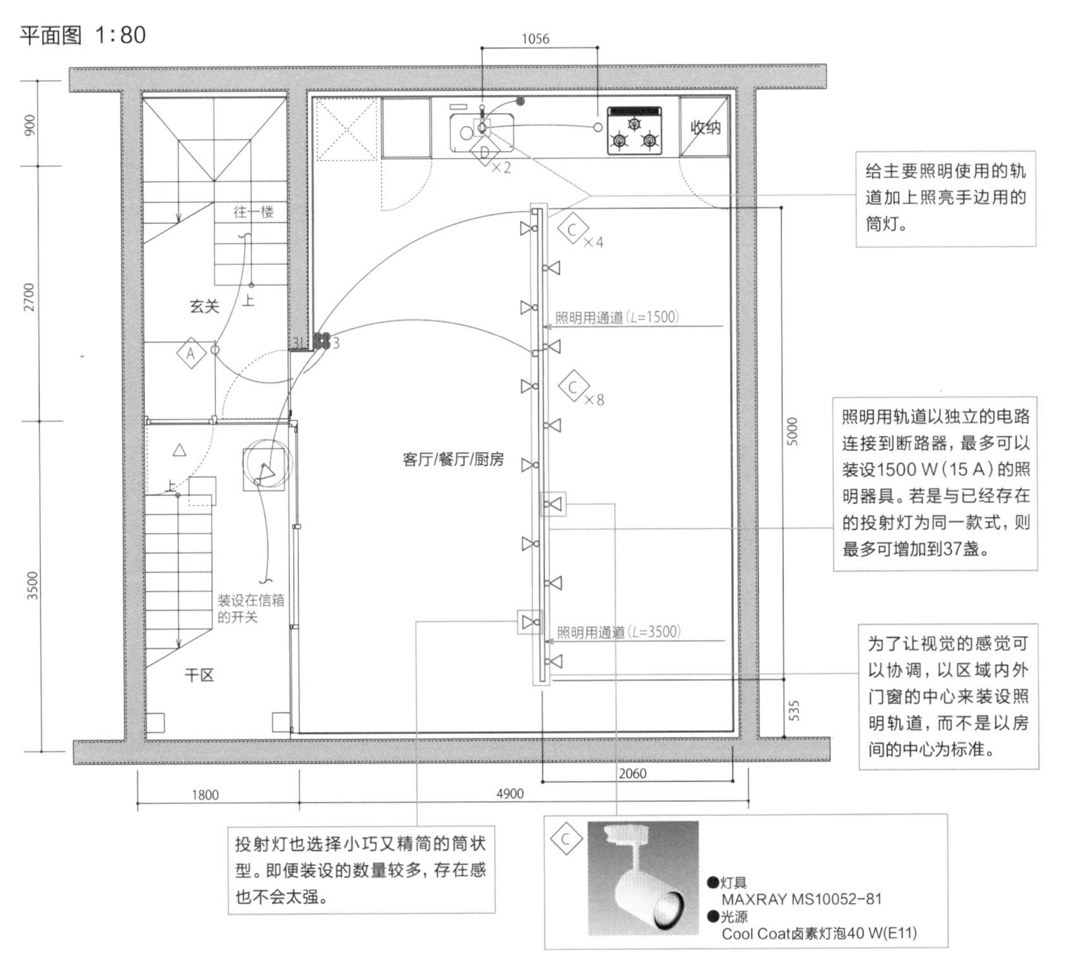

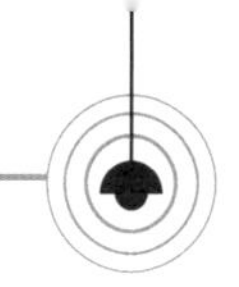

洗脸台、浴室、厕所 1 ：选择与装修相配的照明器具

照片中远处的小窗户外面就是“Pleats”空间，室内的光源会透过这扇小窗照到“Pleats”空间内。

剖面图 1:65

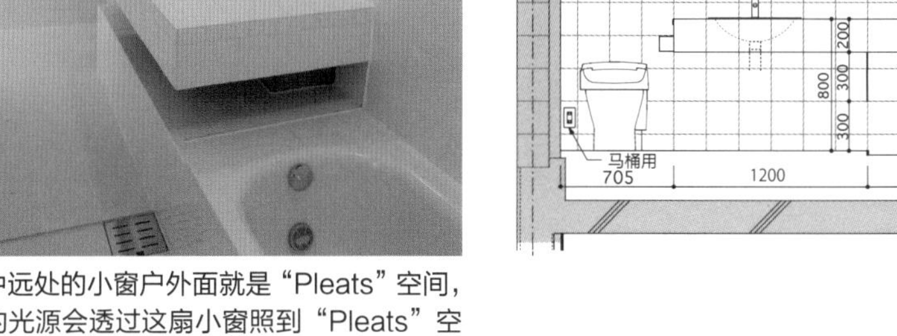

平面图 1:65

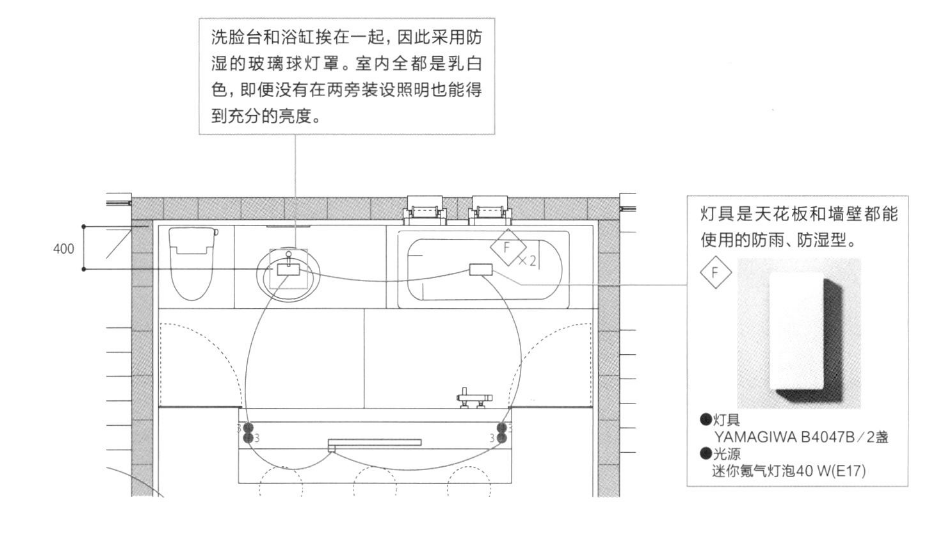

洗手间、浴室、厕所 2：彻底简约化的照明

将筒灯装在边缘的位置，这样站到镜子中央的人比较不容易形成阴影。

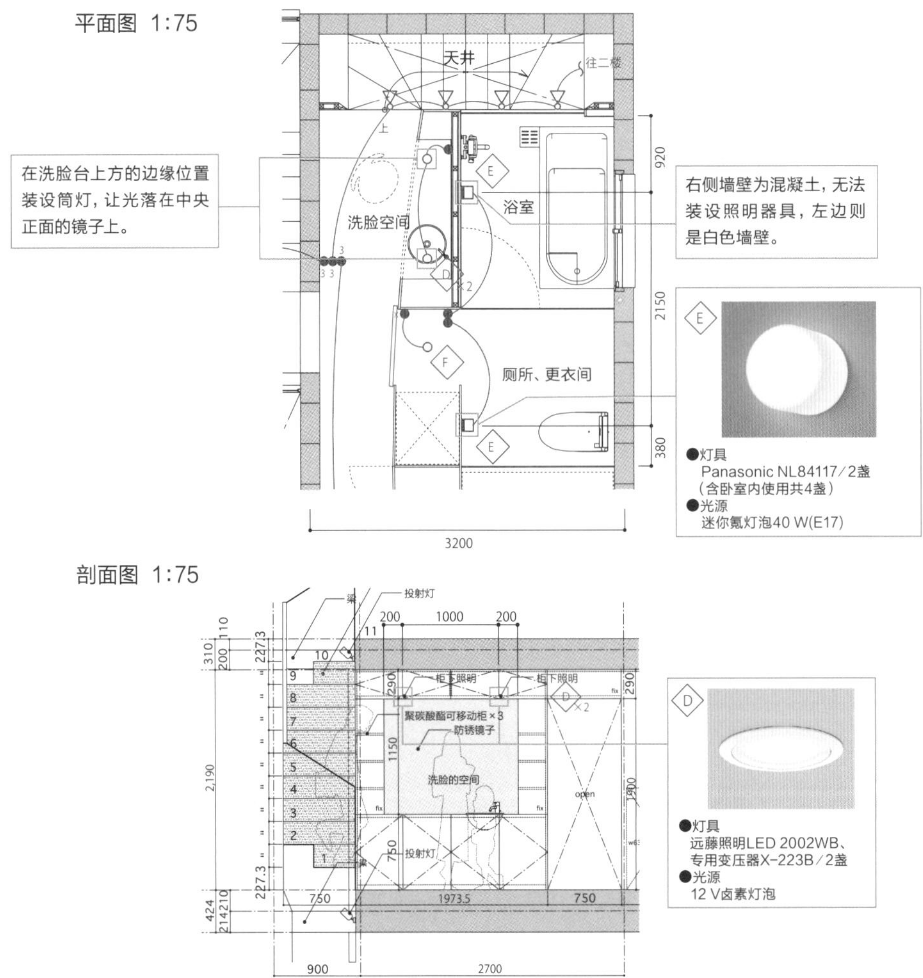

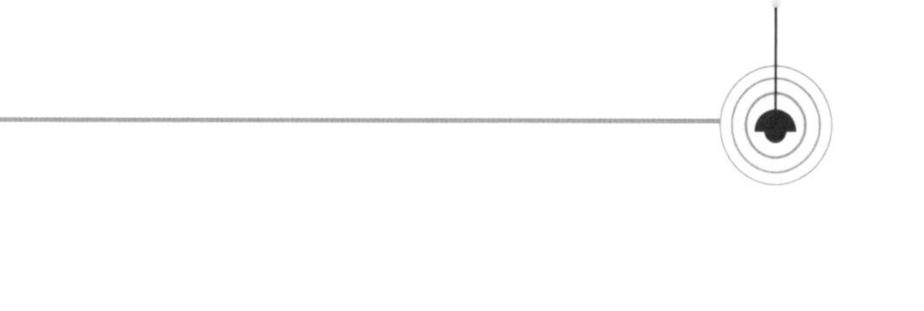

厕所和照片下方卧室之间的区域为玻璃，必须使用设计相同的灯具来让空间的气氛保持统一。

卧室立面图 1:75

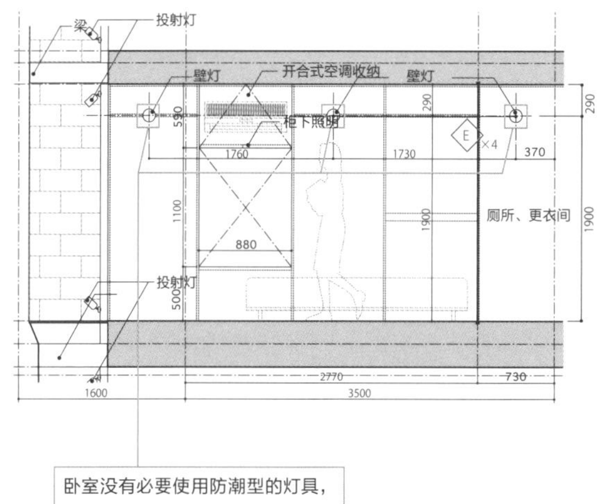

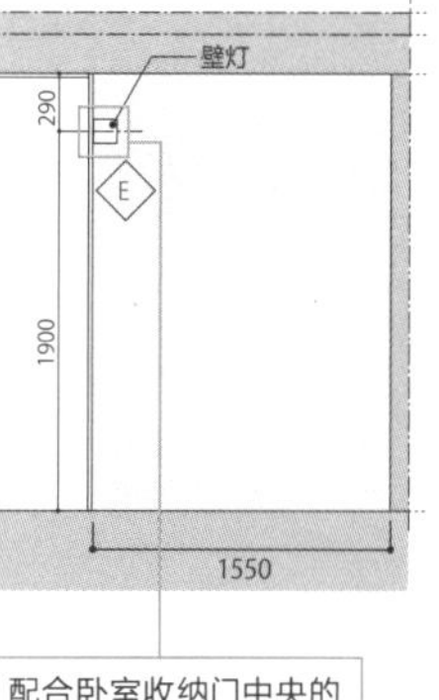

配合卧室收纳门中央的高度来装设灯具。

卧室没有必要使用防潮型的灯具，但为了让卧室到浴室、厕所等具有伸展性的空间，决定将灯具的造型统一。

儿童房的空间：用日光灯来构成简单的基本照明

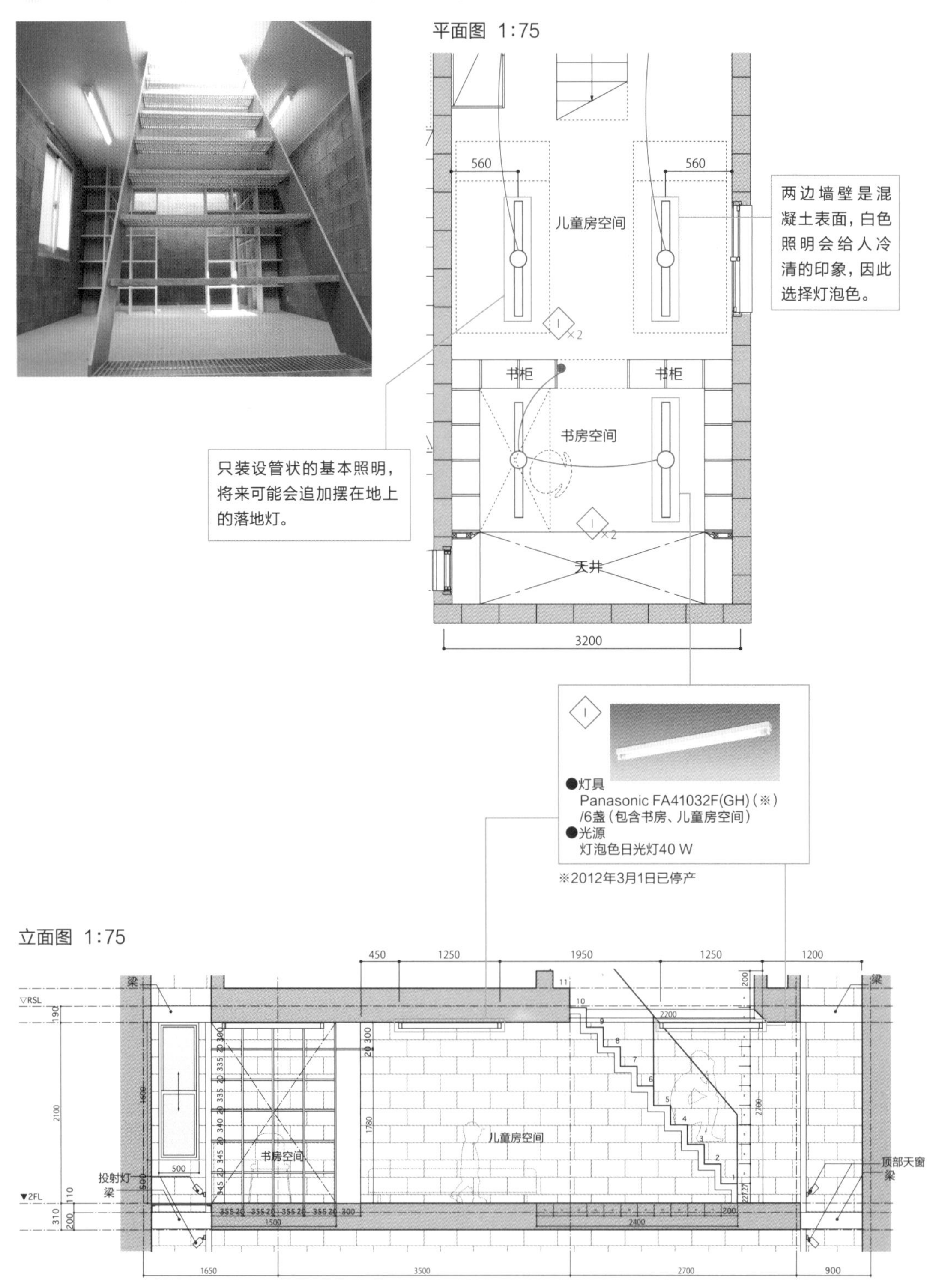

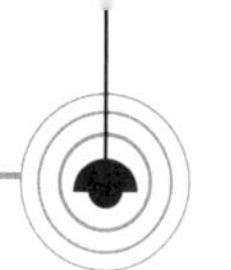

天花高度与众不同的住宅

格列佛之家/HOUSE T：地上两层，总建筑面积309.53 m^2
设计：BE-FUN DESIGN股份有限公司　拍摄：平井广行

由 7 个单元所构成的格列佛之家 /HOUSE T，是用来向外出租的住宅，现在有 4 户是屋主个人的住宅兼事务所。考虑到将来可能出现的变化，每个房间都拥有独特的天花板高度。特别是被称为格列佛空间的部分，天花板高度为 1300 mm 左右，大人虽然无法站起，儿童却可以行动自如，空间给人的印象随着身高与姿势而变化。

本案例中的照明器具没有装在天花板上，而且将灯具数量减到最低，以突显出天花板独特的高度与构造。另外还装有配线槽，将来如果有需要的话，可以适当地加装投射灯。

客厅、餐厅兼厨房，格列佛空间：来自墙壁的照明使人感受到空间的独特

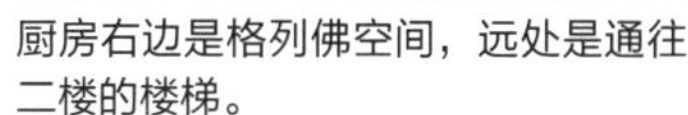

厨房右边是格列佛空间，远处是通往二楼的楼梯。

客厅上方的伸展台收纳。

剖面图 1:150

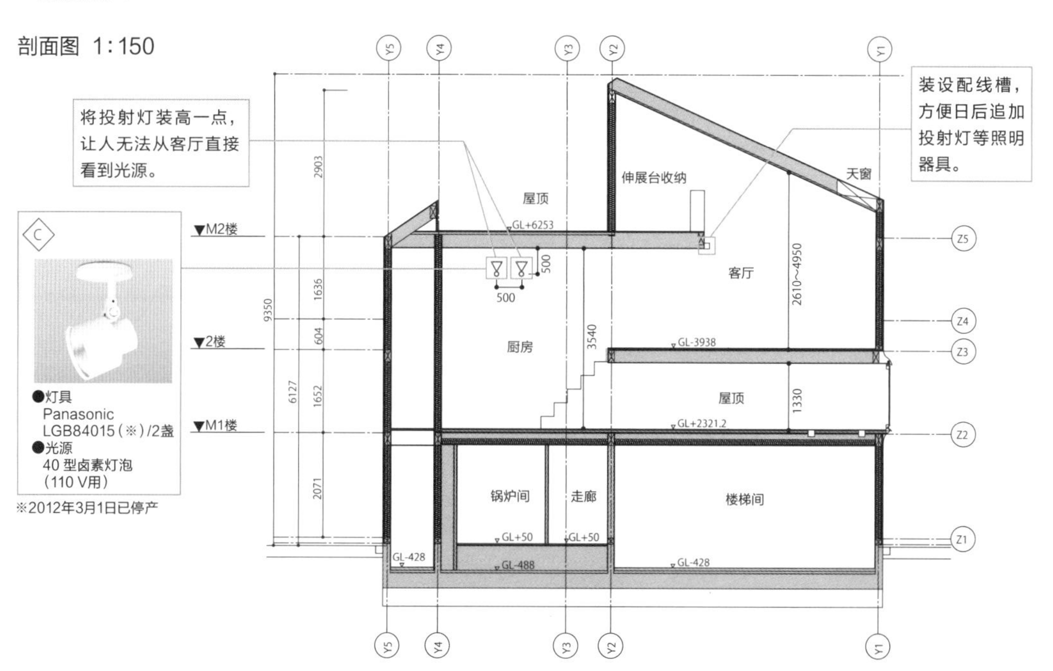

从位于二楼的客厅看厨房

从厨房看格列佛空间与客厅

M1楼平面图 1:150

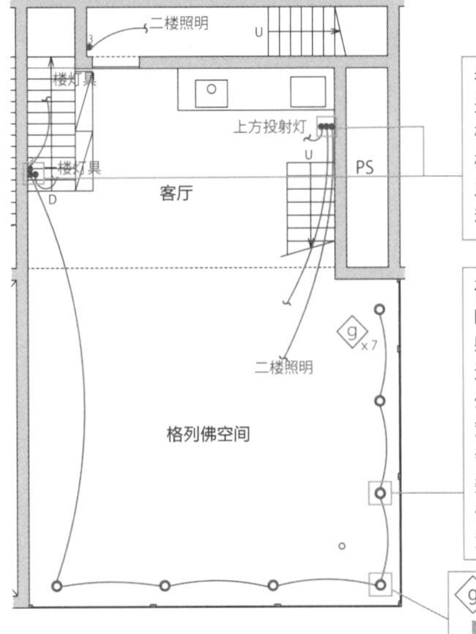

考虑动线来装设开关。装在前往M1楼、前往二楼的楼梯口，这样在房间之间走动时也能顺利控制开关。

在地板装设埋入式的灯具来往上照射。因为是在窗户附近，开灯的时候从外面看起来有如灯笼一般。光源是不会发出高温的低瓦数灯泡型日光灯，即便小孩子触摸到也没有危险。

g

●灯具
Panasonic HGA0010 C/7盏
●光源
灯泡色、
灯泡型日光灯10 W(E17)

二楼平面图 1:150

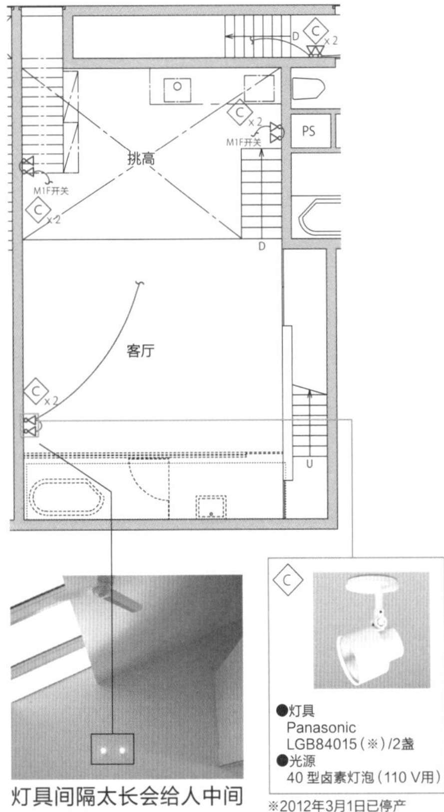

M2楼平面图 1:150

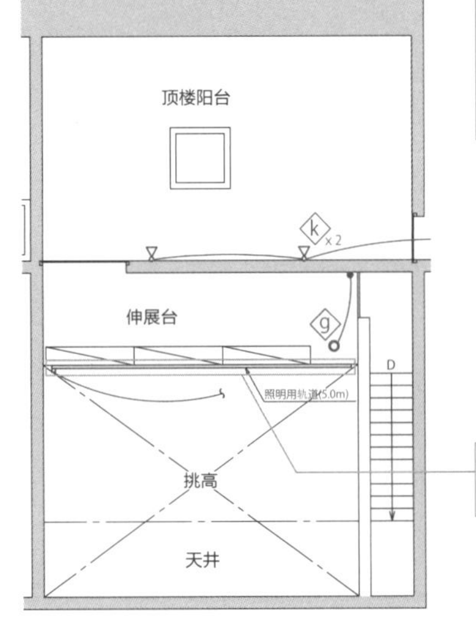

配线槽装在伸展台地板侧面。

c

●灯具
Panasonic
LGB84015(※)/2盏
●光源
40 型卤素灯泡(110 V用)

※2012年3月1日已停产

灯具间隔太长会给人中间抽空的印象，以转动灯具时不会互相影响为原则，让2盏灯尽可能地靠近。

卧室：用来自墙壁的照明加深天花板下的风扇与天窗的印象

整体照片

放大照片

白天会有自然光从天窗射入，夜晚则利用反射光来获得充分的亮度。因为是卧室，不可让亮度过高。

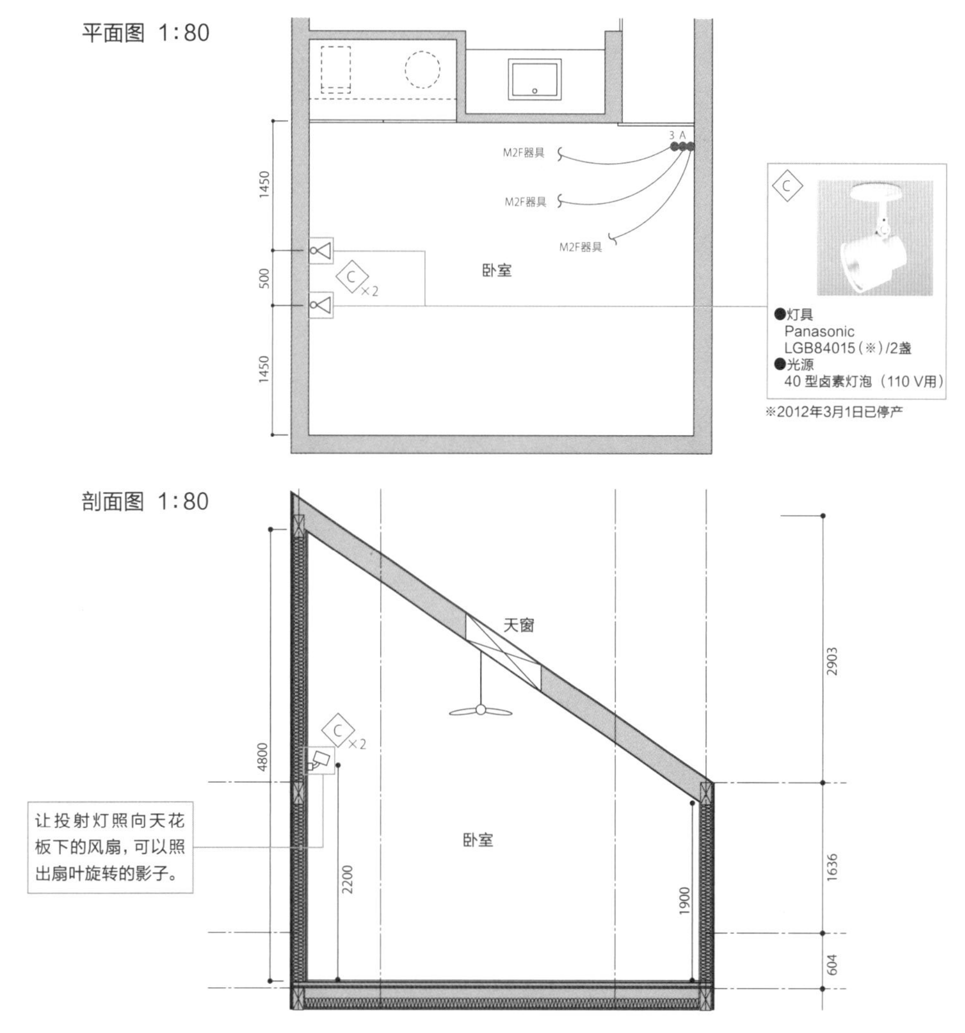

事务所：兼具造型与功能的照明

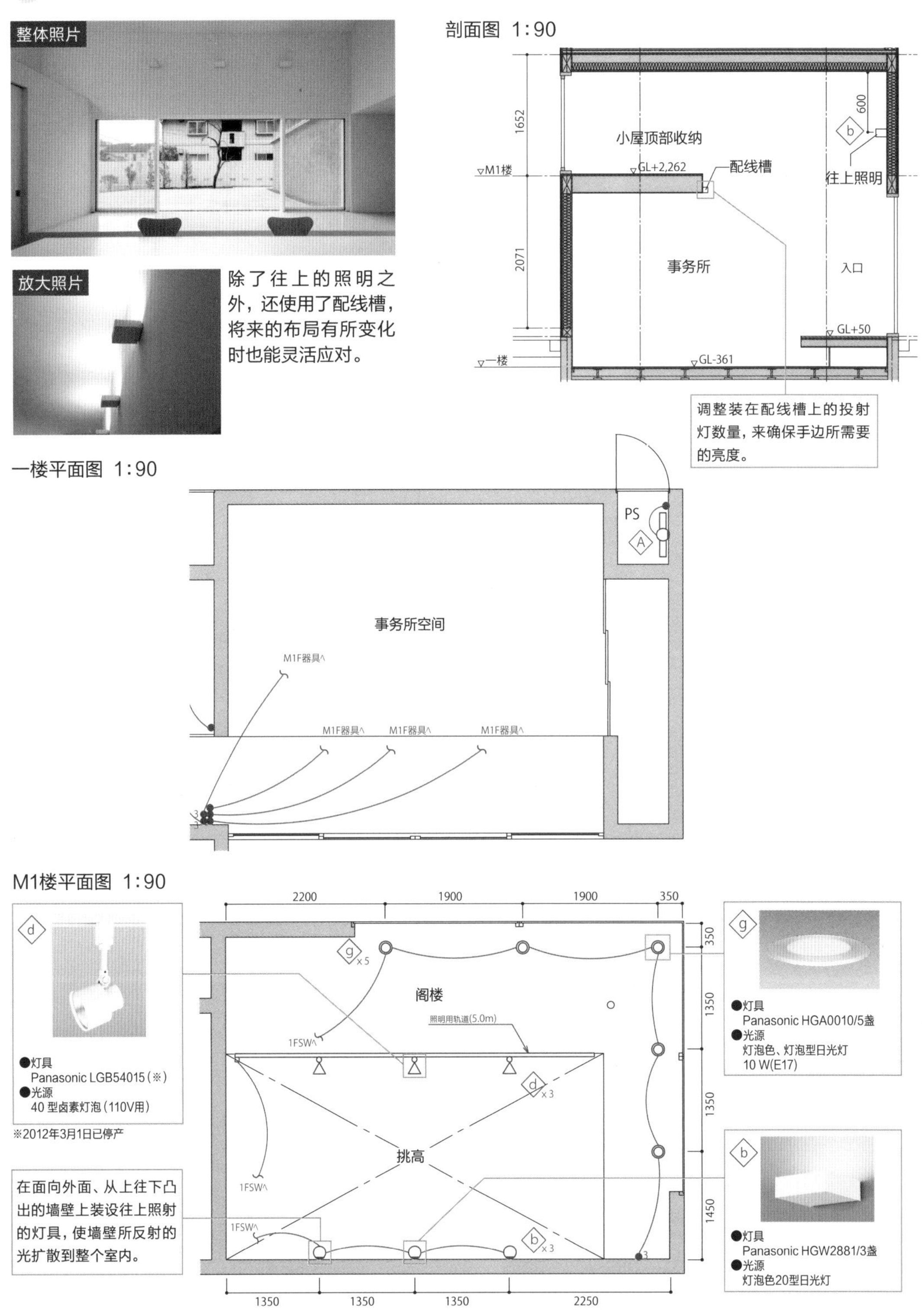

除了往上的照明之外，还使用了配线槽，将来的布局有所变化时也能灵活应对。

第6章

照明与节能住宅

用照明手法来思考节能

在节能方面，空调与照明可以说是效果最为明显的两大类别。自然光线的利用或是最近受到瞩目的新型光源等都是较为常见的节能方式，在此我们通过这几种光源来介绍如何进行节能。

活用自然光

白天我们可以利用自然的阳光，让太阳光与人工光源合理地协调，使室内形成良好的照明环境。比较简单的控制方法是使用昼光感应器，这种装置在室外会很明亮，室内有自然光进入时会降低人工光源的亮度，反之，则提高。这样可以让室内保持在一定的亮度，将没有必要的照明去除以达到节能的效果。

除此之外，光导管、太阳光采光系统等也都是备受瞩目的自然光照明系统。

用光导管把自然光引入室内

① 横向光导管的案例

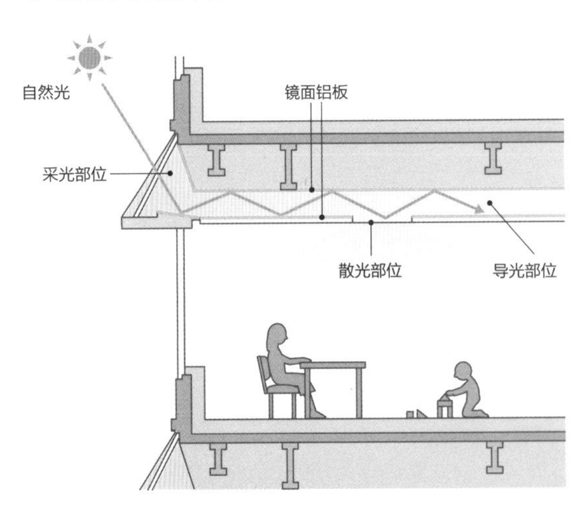

② 纵向光导管的案例

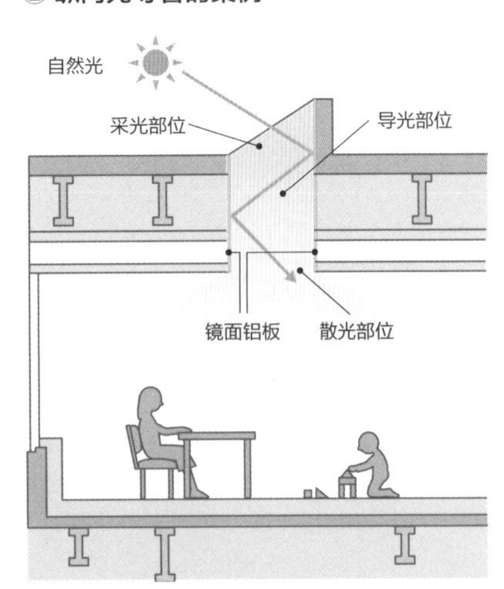

光导管技术会利用镜面的管状构造来导引自然光进入室内或地下空间，以此来当作照明用的光源。采光部位会让光线通过高反光率的镜子所构成的导管，让自然光进入外部光线照射不到的场所。光导管所通过的位置与建筑构造有着密切的关系，必须在设计的初期阶段就考虑是否需要设置。

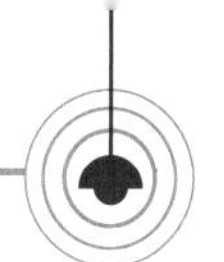

用光导纤维照亮各个房间的太阳光采光系统

① 太阳光采光系统的构造

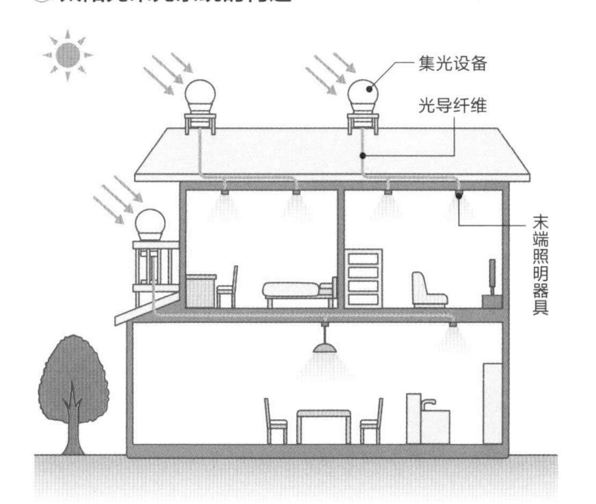

在屋顶装设名为“向日葵”的透镜群体（图1），用光导纤维将光传送到室内。因为有机械性的要素存在，与光导管相比，装设与引进费用较为昂贵，并且需要定期维修。

图1 向日葵集光器

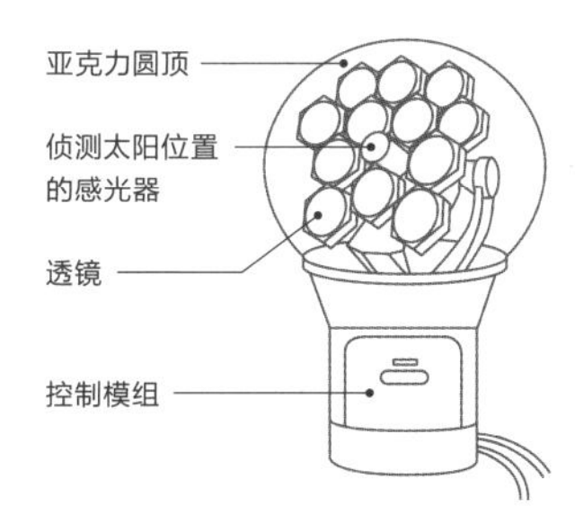

配合太阳的位置来改变透镜的方向，不受太阳高度等外在因素的限制，可稳定地进行采光。

向日葵的装设案例

Lsforet Engineering

② 一条光导纤维的配光与照度

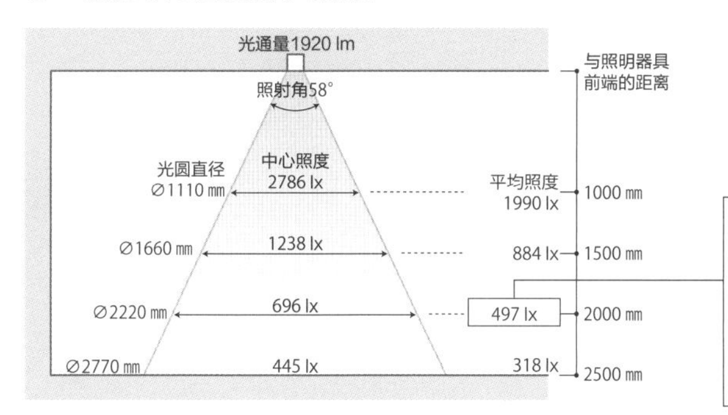

距离照明器具2000 mm的位置，平均照度为497 lx。这是适合读书或用餐的照度（一般住宅天花板的标准高度为2400 mm）。

③ 末端照明器具

照明器具	投射灯	NA型筒灯	ND型筒灯
	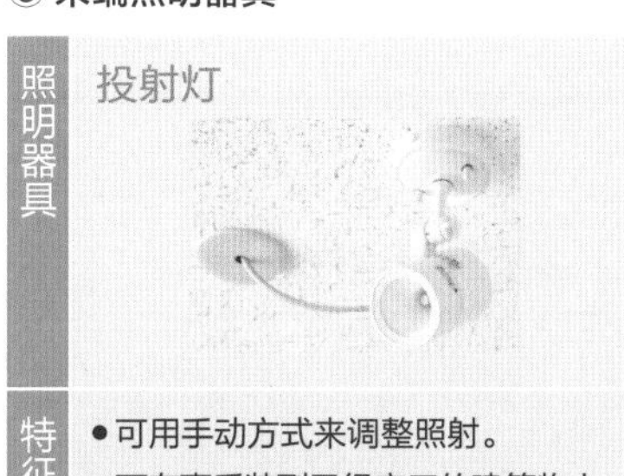		
特征	●可用手动方式来调整照射。 ●可在事后装到已经完工的建筑物上。 ●有扩散型的灯具存在。	●装上透镜可以缩小照射口径。 ●有扩散型的灯具存在。 ●天花板内侧需要300 mm以上的空间。	●天花板内侧需要200 mm以上的空间。 ●有扩散型的灯具类型。

东芝LITEC

LED照明

近几年来，LED 在一般家庭使用的照明之中取得了一席之地，在省电意识高涨的风潮推动之下日渐普遍，对它感兴趣的用户也是越来越多。就省电方面来看，LED 的耗电量非常低，替换一般的白炽灯泡可以节省 90%~95% 的耗电量。若是挑选适当的灯泡型 LED，则可以使用的灯座和传统灯具相同，直接装上就可以发光。

在此举出 LED 光源的优缺点以及维修方面的详细要求，并和传统光源进行比较。

方案设计师进行照明设计的流程

	① 一体成型	② 灯泡型
种类	 东芝LITEC	 东芝LITEC
特征	照明器具和光源一体成型。	遵循传统规格的灯泡型。
优点	●LED基板和灯具可以一起设计，比较容易小型化，散热等功能效率较高。 ●可以配合基板来设计反光板，经过制造商详细的配光设计，可以获得高品质的照明效果。	●可以装到已有的照明器具（灯座）上。 ●即便灯泡寿命已到，只要灯具本身正常（※注1），更换光源即可继续使用。
缺点	●LED的寿命结束时，必须连同整个灯具一起更换，灯具规格相同的话，则不用另外改装天花板。 ●更换灯具时得进行配线作业，必须由专门的电气安装人员来操作。	●即便灯座尺寸相同，有些灯具也不一定能够使用。 ●亮度和显色性比一体成型的灯具要差。 ●一般来说LED灯比白炽灯泡要重，装设的时候要考虑到重量的问题。

※注1：根据《日本电器用品安全法》的规定，包含照明器具在内的电器制品的使用时数为40 000小时。

① 一体成型的LED照明器具的种类

	封装型	整体型
种类		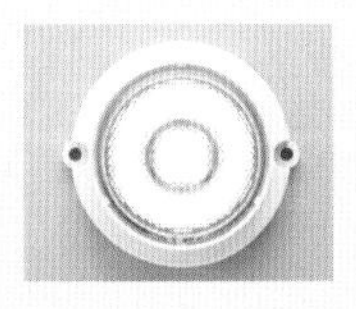
特征	●将小型的LED晶片集合成一个照明器具。 ●光比较不均匀。 ●会出现多重的影子（照片1、照片2）。  照片1 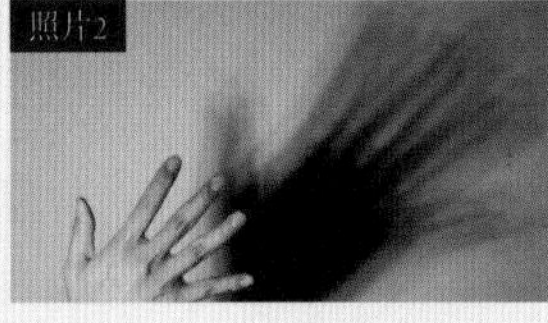 照片2	●整合成单一的发光部位。 ●可以获得均等的光。 ●不会出现多重的影子（照片3、照片4）。 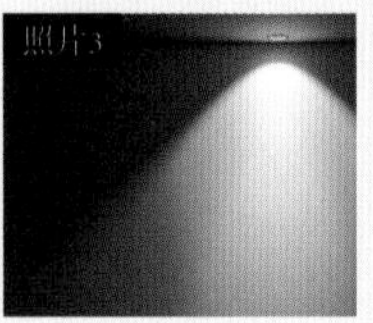 照片3 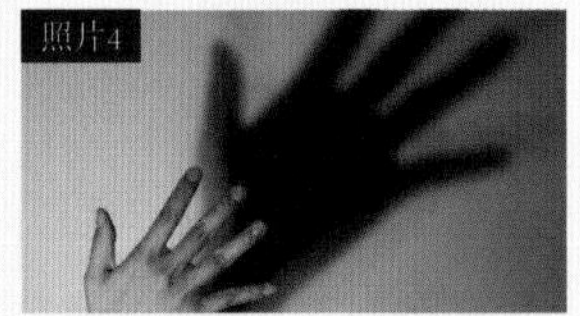 照片4

Panasonic

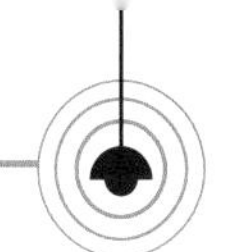

② 灯泡型LED与白炽灯泡的亮度

● 与一般照明用的白炽灯泡（E26灯座）拥有同等亮度的LED

白炽灯泡瓦数	20	30	40	50	60	80	100	150	200
LED流明数	170以上	325以上	485以上	640以上	810以上	1160以上	1520以上	2400以上	3330以上

● 与迷你氪灯泡（E17灯座）拥有同等亮度的LED

迷你氪灯泡瓦数	25	40	50	60	75	100
LED流明数	230以上	440以上	600以上	760以上	1000以上	1430以上

节选自社团法人日本灯泡工业会《灯泡型LED性能标示规范》。

LED灯发出光芒的性质与传统灯泡有所差异，选择的标准单位也从瓦数变更为流明。但若是以正下方的照度为使用目的，则用瓦数来选择也没问题。

灯泡型LED的种类和对应的白炽灯泡

款式	主要的白炽灯泡	LED款式的例子
LDA	一般照明用灯泡（E26灯座）	
	迷你氪灯泡（E17灯座）	
LDC	枝形吊灯灯泡	
LDG	球型灯泡	
LDR	反射型灯泡、光束型灯泡、反射泡、打光用灯泡、附带镜子的卤素灯泡等	

东芝LITEC

灯座型LED光源与白炽灯泡配光上的差异

LED

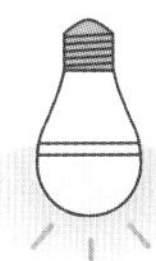

一般白炽灯泡

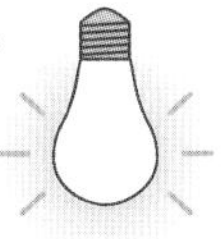

- LED灯往后方发出的亮光较少。
- 白炽灯泡几乎向全方位发光。

日光灯管型 LED 的特征与注意点

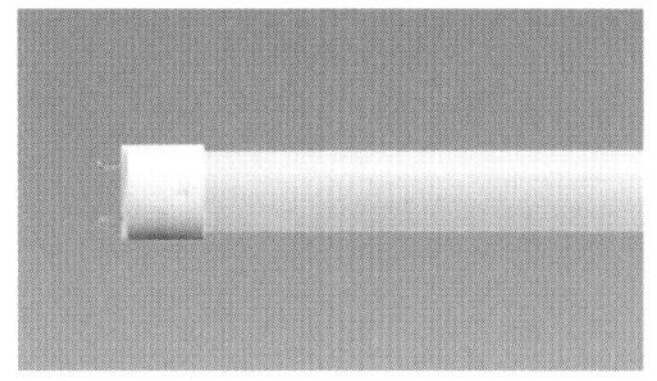
Panasonic

- 与既有的日光灯管拥有同样的形状和灯座规格，但装设安定器的部位不同。
- 直接装到既有的灯座上可能会出现无法亮起、过热等现象，省电效果也比较差。
- 必须将既有灯座的安定器拆除之后再使用（要委托专业人员进行操作）。

日光灯管型LED的规格

日本在2010年制定了L型灯座所使用的灯管型LED光源系统（一般照明用），规定LED灯管必须使用与传统日光灯不同形状的灯座，无法直接装在既有的灯具上。

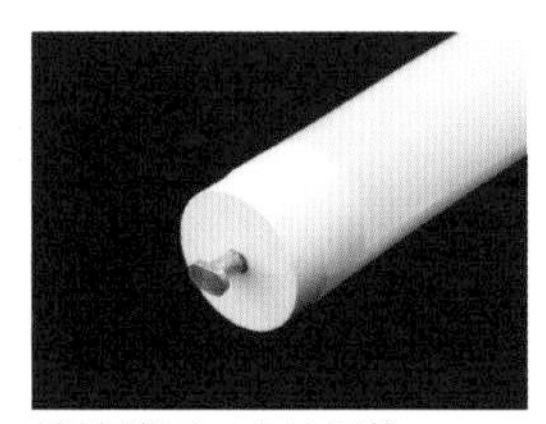
接地端子一方的形状

供电端子一方的形状

东芝LITEC

可改变色调的 LED

① 昼光色

② 白昼色

③ 灯泡色

Panasonic

过去我们必须更换灯具才有办法改变照明的颜色，但现在，在使用LED的场合，即便使用同样的光源，也能像照片（①②③）那样让色调产生变化。

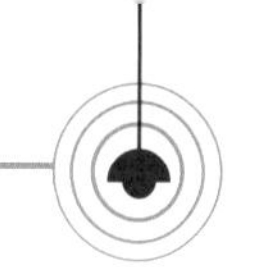

有机发光半导体（OLED）

近年来各家厂商开始出售OLED照明，OLED照明相对于LED照明更加环保，而且自然性的发光也不会伤到眼睛。另外，OLED还具有整面发出均等的光芒、构造非常轻薄等特征，与传统灯具有着截然不同的性质。因此OLED照明如果可以普及的话，将从根本上改变照明的形态与一般人对它的认识。

OLED的特征

- 可以整面发出均等的光。
- 自然性发光，没有闪烁不均的现象。
- 可以在不改变厚度的状况下，让地板、天花板、墙壁、桌子等面状的家具转变成照明器具。厚度在1 mm以下，可大幅节省空间。
- 把塑料膜当作基板，可以制造出柔软、可以弯曲的照明器具，让照明设计更加自由。
- 散发的热量较少，对生鲜食品和绘画等物品的伤害也比较低。
- 能量转换效率高、耗电量力低，有助于降低二氧化碳的排放量。
- 没有使用水银等有害物质，是环保型的照明器具。

OLED的构造

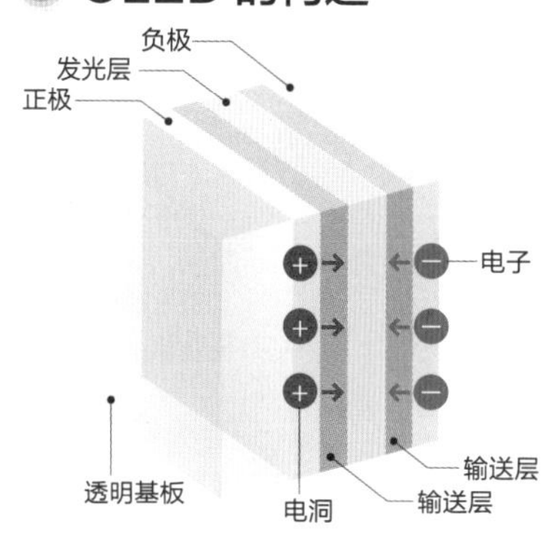

对正极、负极赋予电压，因此产生的电洞和电子通过输送层，在发光层进行结合。这让发光层进入高能量状态，从高能量状态回到原本的稳定状态时发出亮光。

与其他照明器具的对比

	OLED	白炽灯泡	日光灯	LED
特征	•以面来发光 •节能 •发热量较低 •厚度较薄 •重量较轻 •较为环保	•点状发光 •耗电量大 •发热量高 •色调与自然光接近	•线状发光 •节能 •使用水银当作材料	•点状发光 •节能 •寿命较长 •容易小型化 •环保
用途	所有居住空间、办公室、装饰性照明、车内照明等	客厅、卧室、间接照明等	所有居住空间、办公室、商业空间等	所有居住空间、间接照明、投射灯等

OLED 照明的普及可节约 20% 的耗电量

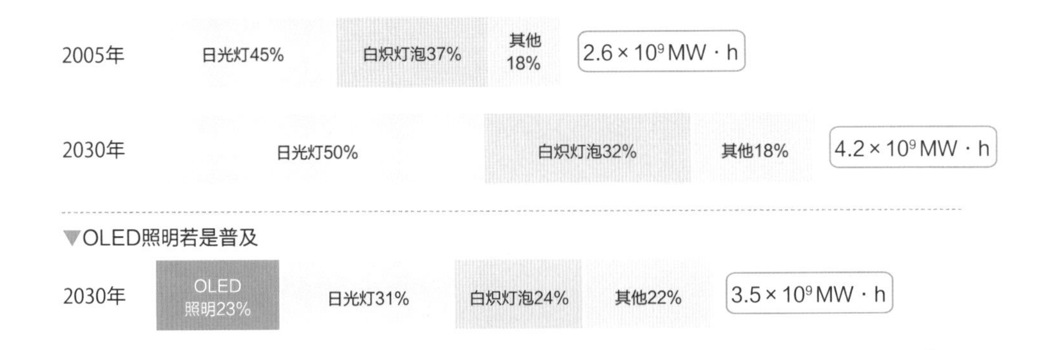

上图为全世界整体的耗电量。2005年的数据是国际能源署所计算的实际数据，2030年的数据是参照国际能源署数据的预估，OLED照明普及之后的数据为柯尼卡美能达公司的预算。以继续使用现在的光源，将50%的日光灯、40%的白炽灯泡换成OLED时耗电量进行比较，结果可大约节省20%的耗电量。

OLED 照明的可能性

Nittei（实验作品）/NEC照明

活用OLED的薄、轻、柔和的光芒等特征，设计成有如编织物一般的天花板灯。

infinite Puzzle（实验作品）/NEC照明

将OLED的薄片插到板子上来进行发光。这是既薄又轻的OLED才有办法实现的装饰性照明。

利用既轻又薄的面状发光的特征

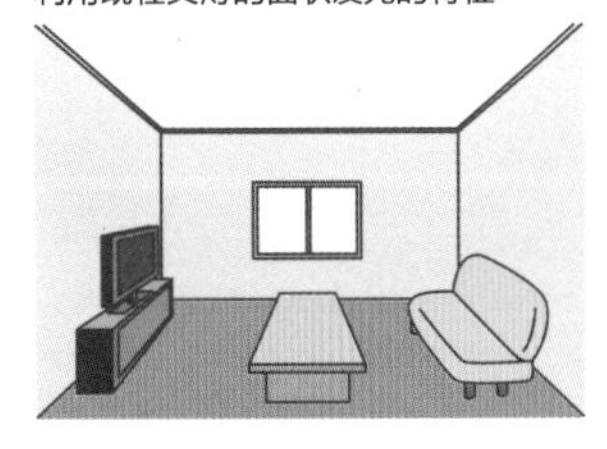

让天花板的整体或一部分转变为照明，形成用OLED柔和的光芒，将人与空间包裹起来的展示效果。

利用既薄又轻且可以弯曲的特征

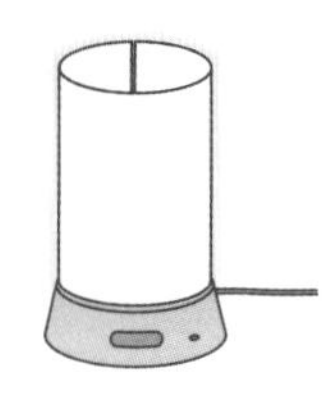

将车辆内部复杂的曲面改装成照明，以过去不曾有过的形状来实现照明。

第 7 章

未来的照明设计

用明亮的感觉来设计照明

照明设计大多会将空间整体的平均照度当作标准，但随着多灯分散的手法渐渐成为主流，以明亮感来进行设计的必要性越来越高。在此介绍明亮感数据化的技术。

视觉技术研究所的“REALAPS”

在建筑设计的阶段，我们会制作插画、模型、CG（计算机动画）的远近图来表现完成之后的空间，但这些模型的意象图，并没有办法表达出现实的光与内部装修实际的色泽以及肉眼适应的状况。因此，很难精准地预测出空间实际的亮度和完成之后所呈现出来的感觉。

针对这一点，视觉技术研究所研发出来了外观设计技术。外观设计技术软件——“REALAPS”会按照测光来进行计算机图像的模拟，通过测定亮度与明亮的程度（知觉色）来制作影像，并综合视觉图、照度图来进行分析，最后精准地预测出实际状况，让我们在设计阶段就看到完成之后的空间会是什么样子。有了“REALAPS”的帮助，我们可以在整个设计过程中定量地感受照明实际呈现的效果。

重现空间真实的呈现方式来进行评估

① 预测对比效果，计算必要的光量

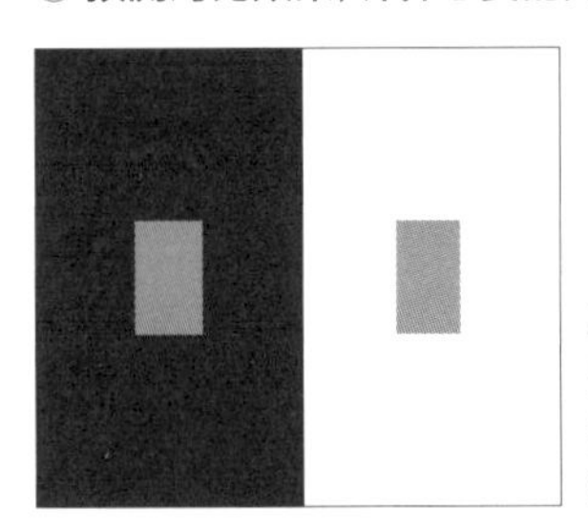

左右两张图中间灰色的部分颜色和大小都相同，但受到背景颜色的影响，左图却显得较为明亮。预测这种对比效果，让我们知道要有多少亮光，才能达到目标的知觉性亮度与颜色。

② 重现真实的呈现方式

A图是夜晚的空间，B图是白天的空间，两者都是将计算机模拟的结果显示在屏幕上。图中两者虽然都将同样的照明器具点亮，但B图却很难看出灯具是亮着的，这是因为人的眼睛更适应白天的亮度。“REALAPS”可以像这样调整适应的效果，重现空间真实的呈现方式。

③ 评估视认性

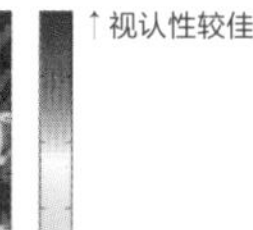

B图是将A图转换成视认性的影像。视认性指的是细微部分能否被确认的程度，B图会通过颜色来将视认性的好坏转换成数据，让人一眼就确认到结果。另外，还能对高龄者、弱视者的视认性进行评估。通过这项技术，我们可以在设计阶段就对视认性进行改善。

④ 评估眩光

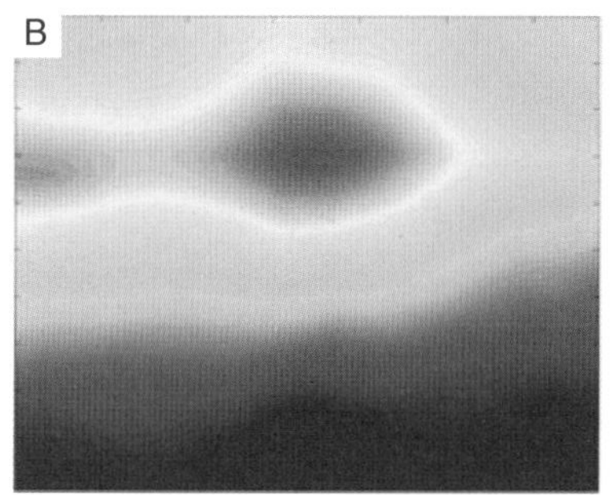

28 无法忍受
25 不舒服
22 开始有不舒服的感觉
19 令人在意
16 开时令人在意
13 有炫目的感觉
开始有炫目的感觉

B图是将A图转换成眩光修正的影像。眩光修正出的更好影像会用颜色来标示让人感到不舒服的部分。修正这些让人感到不愉快的部分，可以营造出舒适的照明环境。

⑤推定适应状况

推定从明亮的室外走进较暗的室内时，肉眼所能适应的程度。事先模拟肉眼的适应状况，让我们可以在设计照明的阶段既可以确保充分的亮度和理想的呈现方式，又能将不必要的照明去除，最后实现省电的目的。

在计划照明时讨论外观，也能达到节能的效果

提出各种数据和拟真图像	●在施工之前的讨论会议中，简单有力地进行介绍，对客户也更具说服力。 ●设计者可以借此策划出更为详细的照明设计。
组合自然光与人工照明，将明亮的感觉数据化	●让设计者规划出自然光与人工照明的最佳组合方式。 ●让客户可以灵活使用照明的节能设计。

照片、图案提供／Visual Technology研究所

结语

照明设计会改变空间的舒适性和整体环境给人的印象，但长久以来在建筑设计中往往被当作配角，其实照明设计在建筑设计中却又有着无比重要作用，这正是我们所负责的工作。

不过，近年来照明设计的重要性开始被一般大众所认同。独立式住宅和集合住宅也渐渐摆脱只使用吸顶灯照明的单纯手法，筒灯与间接照明也不再是什么特别的装置。

不论是大型建筑还是居家空间，装上灯具来简单照亮的时代已经结束，在追求照明品质的过程之中，照明设计的重要性与日俱增。而如何降低照明所需的成本，相信会是今后越来越受到重视的问题。

照明设计绝对不能只用单一的观点来进行。用材料学、心理学、物理学、现象学的角度来思考照明，并且将客户所需要的、所追求的光芒具体呈现出来，这是照明设计之中的核心。

照明器具、建筑的外墙与内部装修、可以用光来突显出魅力的产品等，如何创造出适合各种材料的照明，是材料学必须思考的部分。另外，也不可以忘记照明对人的心理所带来的影响。事先预测人们的活动，创造出适合这些活动的照明环境，属于心理学的领域。从物理学的观点来看，则有空间的高照度化、灯具的节能化等，是否可以灵活满足时代的需求等问题。而理所当然的，光的呈现方式无法完全用数据来决定，通过精密的实验和体验来进行照明设计，则属于现象学的领域。

同时考虑以上 4 种观点，并且意识到建筑物的形象、气氛，以及集中在此处的人们的性质，可以让照明设计顺利实施。

本书的目的在于通过浅显易懂的方式，将以上这些元素融入照明设计之中。由衷希望本书可以帮您实现完美的照明设计。

最后，还要感谢将各种贵重的资料提供给本书使用的建筑师、建筑事务所、制造厂商，还有提出各种宝贵建议的林木茂利先生、视觉技术研究所的金谷末子先生，本人在此表达最诚挚的感谢。

EOS plus

（远藤和广 高桥翔）

参考文献

岩井弥. 考虑高龄者视觉特性的照明方法. 松下电工特报，2003/8
社会法人照明学会. 照明设计的维护系数和维修计划（第3版）
福多佳子. 超实践性 “住宅照明” 手则. X-Knowledge，2011
安斋哲. 全世界最为柔和的照明. X-Knowledge，2013
社会法人日本灯泡工业会. 灯泡型LED性能标示规范
社会法人日本灯泡工业会. 灯泡型LED 的种类与对应的白炽灯泡

特别鸣谢

■NEC Lightening股份有限公司
东京都 港区 芝1-7-17 03-6746-1500
http:nwwwnelt.co.jp/

■Odelic股份有限公司
东京都 杉亚区 宫前1-17-5 03-3332-1123
http://www.odelic.co.jp/

■加藤晴司建筑设计事务所
东京都 杉亚区下高井卢2-10-3-1212 03-5300-8450

■远藤照明股份有限公司
大阪府 大阪市 中央区 本町1-6-19 06-6267-7015
http：//www.endo-lighting.co.jp/

■Visual Technology研究所股份有限公司
东京都 世田谷区 用贺4-11-20-202 03-5797-9178
http:/ /www.v.co.jp/

■BE-FUN DESIGN股份有限公司
（Y STUDIO）东京都 涩谷区 代代木5-65-4 03-6423-2980
(H STUDIO）东京都 涩谷区 本町2-45-7 03-5365-1703
http://www.be-fun.com/

■Blue Studio股份有限公司（大岛芳彦、吉川英之）
东京都 中野区 东中野1-55-4大岛Building第2别馆03-5332-9920
htntp://www.bluestudio.jp/

■PROTERAS股份有限公司Luci事业部
东京都 目黑区 下目黑1-8-1 Arco Tower 11F 03-5719-7409
http://www.luci-led.jp/

■联合设计社 市谷建筑事务所 股份有限公司
东京都 千代田区 富士见2-13-7 03-3261-8286
http://www.rengou-sekkei.co.jp/

■KOIZUMI照明股份有限公司
大阪府 大阪市 中央区 备后町3-3-7 0570-05-5123
http:/ /www.koizumi-it.co.jp/index.html

■国际ROYAL建筑设计一级建筑师事务所
东京都 新宿区 大久保区2-9-12-3FB 03-3202-9799
http://www.iraap.jp/

■清水知和
千叶市 市川市 本行德23-17-1-202 047-357-9870

■Sugatsune工业股份有限公司
东京都 千代田区 岩本町2-5-10 03-3864-1122
http:/ /www.sugatsune.co.jp/

■住化Acryl贩卖 股份有限公司
东京都 中央区 新川1-6-11 New River Tower 4F 03-5542-8630
http:/ /www.sumika-acryl.co.jp/

■大光电机 股份有限公司
大阪府 大阪市 中央区 高丽桥3-2-7高丽桥Building 06-6222-6240
http://www.lighting-daiko.co.jp/

■高桥坚 建筑设计事务所
东京都 千代田区 岩本町3-4-11笹仓Building 3F 03-3865-3646
http://kenkenken.jp/

■塚田真树子建筑设计
东京都 练马区下石神井6-12-15 03-5372-7584
http://www15.plala.or.jp/maaa/

■DN Lighting股份有限公司
东京都品川区 西五反田1-13-5 03-3492-4460
http://www.dnlighting.co.jp/

■东芝Lighting股份有限公司
神奈川系横须贺市船越町1-201-1 046-862-2017
http:/ /www.tit.co.jp/

■Panasonic股份有限公司Eco Solution公司
大阪府 门真市 大字门真1048 0120-878-365
http://panasonic.co.jp/es/

■Panasonic电工SUNX股份有限公司
爱知县 春日井市 牛山町2431-1 0120-394-205
htntp:// panasonic.co.jp/id/pidsx/

■FARO Design有限公司一级建筑师事务所（住吉正文）
东京都 文京区 本乡2-39-7**エチソウル**Building 201 03-6801-9733
http://www.faro-design.co.jp/index.phP

■MAXRAY股份有限公司 东京分店
东京都 目黑区 中目黑1-4-20 03-3791-2711
http:/ /www.maxray.co.jp/

■YAMAGIWA股份有限公司
东京都 中央区 八丁堀4-5-4-6F 03-6741-2340
http://www.yamagiwa.co.jp/

■山田照明股份有限公司
东京都 千代田区 外神田3-8-11 03-3253-5161
http://www.yamada-shomei.co.jp/

■Laforet Engineering股份有限公司
东京都 港区 六本木6-7-6六本木ANNEX7F 03-6406-6720
http:/ /www.hjmawari-net.co.jp/

图书在版编目（CIP）数据

图解照明设计 /（日）远藤和广，（日）高桥翔著；
吕萌萌，冷雪昌译. 一南京：江苏凤凰科学技术出版社，
2017.3
室内设计基础教程
ISBN 978-7-5537-8012-2

Ⅰ. ①图… Ⅱ. ①远… ②高… ③吕… ④冷… Ⅲ.
①照明设计－图解 Ⅳ. ① TU113.6-64

中国版本图书馆 CIP 数据核字 (2017) 第 029641 号

室内设计基础教程
图解照明设计

著　　者　[日] 远藤和广　高桥翔
译　　者　吕萌萌　冷雪昌
项目策划　刘立颖　庞　冬
责任编辑　刘屹立
特约编辑　庞　冬

出版发行　江苏凤凰科学技术出版社
出版社地址　南京市湖南路1号A楼，邮编：210009
出版社网址　http://www.pspress.cn
总 经 销　天津凤凰空间文化传媒有限公司
总经销网址　http://www.ifengspace.cn
印　　刷　雅迪云印（天津）科技有限公司

开　　本　889 mm×1 194 mm　1/16
印　　张　8
字　　数　128 000
版　　次　2017年3月第1版
印　　次　2020年10月第5次印刷

标准书号　ISBN 978-7-5537-8012-2
定　　价　49.00元

图书如有印装质量问题，可随时向销售部调换（电话：022-87893668）。